高等职业教育专科、本科计算机类专业新形态一体化教材

Python 程序设计

高 波 夏林中◎主 编

李永红 卢 鑫◎副主编

电子工业出版社
Publishing House of Electronics Industry
北京·BEIJING

内容简介

Python 的语法清晰、简洁，并且拥有大量的第三方函数模块，既适合初学者将其作为程序设计入门学习语言，又能满足工程技术人员、科研人员的计算需求。

本书主要介绍 Python 程序设计的基础知识，包括 Python 程序设计的基本思想和常用方法，用于培养学生利用 Python 解决各类实际问题的能力。本书共 8 章，均以项目为驱动，主要内容包括 Python 概述、Python 的基础语法与 Python 中的数据类型、流程控制、函数、面向对象、模块、异常处理与文件操作、多线程。

本书可以作为高等职业院校软件技术、嵌入式技术、通信技术等相关专业程序设计类课程的入门教材，也可以供工程技术人员、科研人员阅读参考。

图书在版编目（CIP）数据

Python 程序设计 / 高波，夏林中主编． -- 北京：电子工业出版社，2024. 7. -- ISBN 978-7-121-48110-9

Ⅰ．TP311.561

中国国家版本馆 CIP 数据核字第 20243G4L25 号

责任编辑：李　静
印　　刷：三河市君旺印务有限公司
装　　订：三河市君旺印务有限公司
出版发行：电子工业出版社
　　　　　北京市海淀区万寿路 173 信箱　　　邮编：100036
开　　本：787×1092　　1/16　　印张：17　　　字数：327 千字
版　　次：2024 年 7 月第 1 版
印　　次：2024 年 12 月第 2 次印刷
定　　价：52.80 元

凡所购买电子工业出版社图书有缺损问题，请向购买书店调换。若书店售缺，请与本社发行部联系，联系及邮购电话：（010）88254888，88258888。

质量投诉请发邮件至 zlts@phei.com.cn，盗版侵权举报请发邮件至 dbqq@phei.com.cn。

本书咨询联系方式：（010）88254604，lijing@phei.com.cn。

前言

党的二十大报告中指出，推动战略性新兴产业融合集群发展，构建新一代信息技术、人工智能、生物技术、新能源、新材料、高端装备、绿色环保等一批新的增长引擎。

为贯彻落实党的二十大精神，以培养高素质技能人才助推产业和技术发展，建设现代化产业体系，编者依据新一代信息技术领域的岗位需求和院校专业人才目标编写了本书。

Python 以语法清晰、简洁著称，并且因其"与生俱来"的开源性而受到大量用户的欢迎。随着大数据分析、人工智能的兴起，Python 已成为这些领域中的常用语言。

本书作为高等职业院校软件技术、嵌入式技术、通信技术等相关专业程序设计类课程的入门教材，详细介绍了 Python 的基础语法及其在大数据分析、人工智能等领域的应用，可以培养学生利用 Python 解决各类实际问题的能力。本书采用项目驱动方式，辅以丰富的应用实例，将各章知识点有机融合，从而增强学生的学习兴趣，提高学生分析问题和解决问题的能力。

本书的授课内容及建议的学时如下表所示。

序号	授课内容	建议的学时
1	第 1 章 Python 概述	4 学时
2	第 2 章 Python 的基础语法与 Python 中的数据类型	8 学时
3	第 3 章 流程控制	8 学时
4	第 4 章 函数	8 学时
5	第 5 章 面向对象	8 学时
6	第 6 章 模块	6 学时
7	第 7 章 异常处理与文件操作	6 学时
8	第 8 章 多线程	8 学时
合计		56 学时

与其他已出版的 Python 教材相比，本书着重介绍多线程技术，设计的 10 个小型案例和 1 个综合案例可以涵盖简单数值计算、数据分析、剪刀石头布游戏、哥德巴赫猜想、基于第三方库的爬虫应用、人工智能等方面。此外，

为了方便教师教学与学生预习、自学，本书提供教学大纲、课件、微课、练习题库、习题参考答案等相关教学资源。

本书是由深圳信息职业技术学院的工业互联网技术专业教学团队组织策划，联合软通动力信息技术（集团）股份有限公司共同编写的校企合作教材。本书由高波、夏林中担任主编，由李永红、卢鑫担任副主编，其中，第 1 ~ 3 章和第 7 章由高波编写，第 4 章由卢鑫编写，第 5、6 章由李永红编写，第 8 章由软通动力信息技术（集团）股份有限公司的工程师编写，全书由夏林中统稿。此外，本书在编写过程中还得到了于佳、刘星、黄绍霖、吴舟、吕长伟等领导和老师的支持，在此表示感谢。

如您在阅读本书时有疑问，请发邮件至邮箱 8336690@163.com，我们会第一时间为您解答。

由于编者水平有限，书中难免存在疏漏和不足之处，敬请广大读者给予批评和指正，我们将在后续重印时对图书进行修订。

教材资源服务交流 QQ 群
(QQ 群号：684198104)

目录

第 **1** 章

Python 概述

【本章概览】

"江湖"传言：人生苦短，就用 Python。近几年，随着大数据分析、人工智能的飞速发展，Python 发展得非常迅猛。程序员们纷纷自学 Python 的科学计算库、人工智能库，都想跟着Python 的脚步，揭开人工智能的神秘面纱。

本章介绍 Python 的入门知识，主要带领大家认识 Python，了解它的诞生、特点、应用领域、开发环境搭建方法、集成开发环境、广受欢迎的原因，以及它凭借什么可以在网络爬虫、科学计算、人工智能等领域"飞黄腾达"。

【知识路径】

1.1 初识 Python

Python 是一种跨平台、开源、免费、面向对象、解释型的高级编程语言。Python 可以应用于 Web 开发、网络爬虫、游戏开发、自动化运维、人工智能等领域。近几年，随着人工智能行业的崛起，Python 发展势头迅猛，在 2022 年的 TIOBE 编程语言排行榜中，Python 位居第一，如图 1-1 所示。

Dec 2022	Dec 2021	Change	Programming Language	Ratings	Change
1	1		Python	16.66%	+3.76%
2	2		C	16.56%	+4.77%
3	4	^	C++	11.94%	+4.21%
4	3	v	Java	11.82%	+1.70%
5	5		C#	4.92%	-1.48%
6	6		Visual Basic	3.94%	-1.46%
7	7		JavaScript	3.19%	+0.90%
8	9	^	SQL	2.22%	+0.43%
9	8	v	Assembly language	1.87%	-0.38%
10	12	^	PHP	1.62%	+0.12%
11	11		R	1.25%	-0.34%
12	19	^	Go	1.15%	+0.20%
13	13		Classic Visual Basic	1.15%	-0.13%
14	20	^	MATLAB	0.95%	+0.03%
15	10	v	Swift	0.91%	-0.86%

图 1-1　2022 年的 TIOBE 编程语言排行榜

1.1.1　Python 简介

1. Python 的诞生

Python 的原意是"蟒蛇"，其创始人是荷兰人 Guido van Rossum（吉多·范·罗苏姆，以下简称吉多）。1989 年圣诞节期间，吉多在阿姆斯特丹的家中，为了打发圣诞节的无趣时间，决心开发一个新的脚本解释程序，因为他很喜欢看一个英国电视剧 *Monty Python's Flying Circus*，所以将这种语言命名为了 Python，如图 1-2 所示。

Python 并不是吉多在圣诞节期间凭空创造的，它源于一个吉多曾参与设计的闭源编程语言 ABC，受 Modula-3 的影响，并且借鉴了 UNIX Shell 和 C

语言等的优点。经过一年多的持续改进和优化，在 1991 年，第一个 Python 的编译器（也是解释器）诞生了。

图 1-2　Python 的诞生

2．Python 的版本

Python 自发布以来，主要有 3 个版本，如图 1-3 所示。

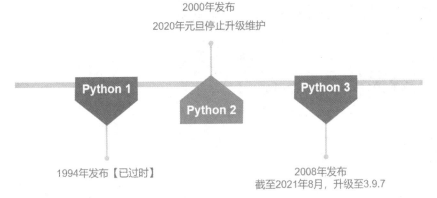

图 1-3　Python 的版本

1）Python 1 版本

1994 年 1 月，吉多正式发布了 Python 1.0，该版本在发布之初就具有非常多的优秀基因：类（class）、函数（function）、异常处理（exception handing）等结构，列表（list）、字典（dict）等高级数据类型，以模块（module）为基础的拓展系统。

2）Python 2 版本

2000 年，Python 2.0 发布，它包含以内存管理为目标的垃圾回收器、列表生成式的引入及对 Unicode 的支持等新功能。此外，从 Python 2.0 开始，Python 的开发升级更加透明，并且转向了社区开发，这样可以有更多的人对 Python 做出贡献。从 Python 2.1 到 Python 2.7，随着功能升级，Python 2 中出现了很多重复的结构和模块，这违背了 Python 的设计初衷，因此 Python 3 应运而生。2020 年元旦，官方对 Python 2 停止了升级维护，虽然目前还有一些 Python 2 版本的代码，但都开始慢慢迁移到 Python 3。

3）Python 3 版本

2008 年，Python 3.0 发布，其对 Python 2 的标准库进行了一定程度的重新拆分和整合，比 Python 2 更容易理解。例如，在字符编码方面，Python 3 解决了 Python 2 对中文字符串支持性能不够好的问题；Python 3 中的整数只有 int 数据类型，不再有 long 数据类型。还有很多其他不同，但它们的目的都是使 Python 回归它的原始设计理念。截至 2021 年 8 月，Python 3 已经升级至 Python 3.9.7。

3. Python 的特点

市场上已经有很多非常优秀的编程语言了，如 C 语言、C++、Java 等，我们为什么要选择 Python 呢？因为 Python 最大的优点是简单，网上曾流传一个短句"人生苦短，就用 Python"。Python 的特点如图 1-4 所示。

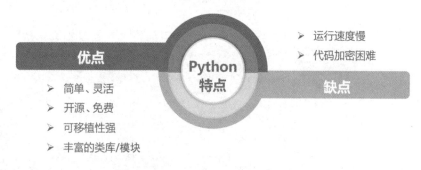

图 1-4　Python 的特点

1）Python 的优点

① 简单、灵活。

Python 是一种代表极简主义的编程语言，阅读一段排版优美的 Python 代码，就像阅读一个英文段落。因此人们常说，Python 是一种具有伪代码特质的编程语言。与 C 语言、C++、Java 等编程语言相比，Python 更加简单、灵活，对代码格式的要求没有那么严格，在编写 Python 程序时，可以专注于需要解决的问题本身，无须顾虑语法的细枝末节。下面举两个例子说明 Python 的简单、灵活。

- Python 不要求在每条语句的末尾都写分号，当然写上也没错。

- 在定义变量时，不需要指明变量类型，甚至可以给同一个变量赋予不同数据类型的值。

【知识拓展】

伪代码（Pseudo-Code）

伪代码是一种算法描述语言，它介于自然语言和编程语言之间，使用伪代码的目的是使被描述的算法可以很容易地以任意一种编程语言（Pascal、C 语言、Java）实现。因此，伪代码必须结构清晰、代码简单、可读性好，并且类似于自然语言。

② 开源、免费。

Python 是开源、免费的。程序员使用 Python 编写的代码是开源的，Python 解释器和模块的代码也是开源的。官方将 Python 解释器和模块的代码开源，是希望所有 Python 用户都参与进来，一起改进 Python 的性能，弥补 Python 的漏洞。代码被研究得越多，就越健壮，这也是 Python 发展迅猛的原因之一。

【知识拓展】

开源与免费

开源并不等于免费，开源软件和免费软件是两个概念，只不过大部分开源软件都是免费软件。Python 是一种既开源又免费的编程语言。用户使用 Python 开发或发布自己的程序，不需要支付任何费用，也不用担心版权问题，即使作为商业用途，Python 也是免费的。

③ 可移植性强。

使用编译型语言（如 C 语言、C++）编写的程序需要从源文件转换为二进制文件，才可以运行；而使用 Python 编写的程序不需要编译成二进制文件，就可以直接运行。因此，Python 的使用更简单，Python 程序更易于移植。只要在操作系统中安装了 Python 解释器，就可以随时运行 Python 代码，不用担心任何兼容性问题，真正做到"一次编写，到处运行"。Python 支持大部分常见的操作系统，如 Linux、Windows、macOS、Android、FreeBSD 等。

筆记

笔记

【知识拓展】

编译型语言与解释型语言

CPU 是无法直接执行程序员编写的源代码的，计算机只能识别某些特定的二进制指令（机器码），在真正运行程序前，必须将源代码转换为二进制指令。

编译型语言（如 C 语言、C++、Golang、汇编等）需要提前将所有源代码一次性转换为二进制指令，也就是生成一个可执行程序（如 Windows 操作系统中的 .exe 文件），使用的转换工具称为编译器。编译型语言的优点是，源代码在编译一次后，即使脱离了编译器，也可以运行，并且运行效率较高；缺点是可移植性差，不够灵活。

解释型语言（如 Python、JavaScript、PHP、Shell 等）可以一边执行一边转换，需要运行哪些源代码，就转换哪些源代码，不会生成可执行程序，使用的转换工具称为解释器。解释型语言的优点是跨平台性好，可通过不同的解释器将相同的源代码解释成不同平台上的机器码；缺点是一边执行一边转换，效率较低。

Java 和 C# 是半编译半解释型语言，源代码需要先转换为字节码文件（中间文件），再在虚拟机中执行，从而在实现跨平台的同时兼顾执行效率。

④ 丰富的类库 / 模块。

Python 具有丰富的类库 / 模块，覆盖了文件 I/O、GUI、网络编程、数据库访问、文本操作等大部分应用场景。这些类库 / 模块的底层代码不一定都是使用 Python 编写的，还有 C 语言、C++ 的"身影"。当需要一段关键代码运行速度更快时，可以先使用 C 语言、C++ 编写这段代码，再在 Python 中调用这段代码。Python 可以将其他语言"粘"在一起，所以被称为"胶水语言"。

Python 社区发展良好，除了 Python 官方，很多第三方机构也会参与 Python 类库 / 模块的开发，如 Google、Facebook、Microsoft。因此，借助 Python 类库 / 模块能够实现大部分常见功能，从简单的字符串处理，到复杂的 3D 图形绘制，即使是一些小众的功能，Python 通常也有相应的开源类库 / 模块。

2）Python 的缺点

① 运行速度慢。

Python 简单、灵活，受到大众的追捧，但它的运行速度较慢。Python 的运行速度不仅远远慢于 C 语言、C++，还慢于 Java。不仅因为解释型语言一边运行一边"翻译"源代码，还因为 Python 屏蔽了很多底层细节，导致自身要多做很多工作，而有些工作是很消耗资源的，如内存管理。但是随着计算机硬件的运算速度越来越快，Python 运行速度慢的缺点可以由硬件性能的提升弥补。

② 代码加密困难。

代码加密困难这个缺点也是由 Python 是解释型语言导致的。由于 Python 是直接运行源代码的，不会像编译型语言那样将源代码编译成可执行程序，因此将 Python 源代码加密比较困难。

1.1.2　Python 的应用领域

由于 Python 具有简单、灵活、开源、免费、可移植性强等优点，因此 Python 的应用领域众多，如图 1-5 所示。

图 1-5　Python 的应用领域

1. Web 开发

因为 Python 是解释型语言，开发效率高，所以非常适合用于进行 Web 开发。例如，国内集图书推荐、电影推荐、音乐推荐于一体的豆瓣网，由 NASA（美国国家航空航天局）和 Rackspace 合作研发的开源云计算管理平台 OpenStack，美国的在线云存储网站 Dropbox，这些都是使用 Python 实现的。使用 Python 开发的 OpenStack 的主页如图 1-6 所示。Python 有很多 Web 框架，比较成熟的有 Django、Flask、Tornado、Twisted 等。

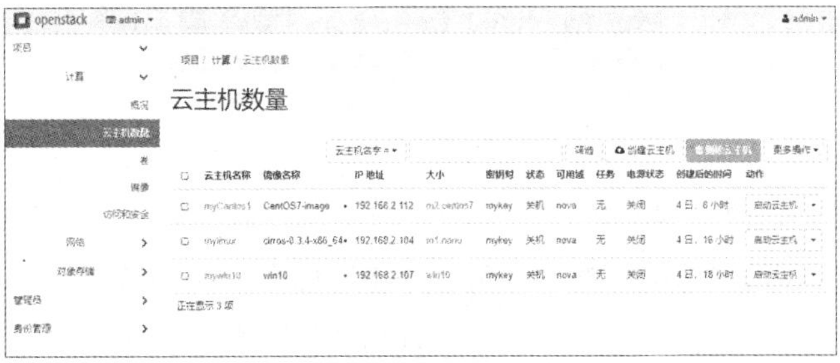

图 1-6　使用 Python 开发的 OpenStack 的主页

笔记

1）Django（企业级开发框架）

Django 是一个开放源代码、遵循 MVC 设计模式的 Web 框架，它于 2003 年在美国堪萨斯州诞生，最初用于管理劳伦斯出版集团旗下的一些以新闻内容为主的 Web 网站，于 2005 年加入 BSD 许可证家族，成为开源 Web 框架。Django 的名字来源于比利时的爵士音乐家 Django Reinhardt，寓意是 Django 能优雅地演奏（开发）功能丰富的乐曲（Web 应用程序）。2019 年 12 月，Django 3.0 发布。

与其他 Python Web 框架相比，Django 的功能是最完整的，其定义了服务发布、路由映射、模板编程、数据处理等功能。Django 主要由管理工具（Management）、模型（Model）、视图（View）、模板（Template）、表单（Form）、管理站（Admin）等组成。

2）Flask（支持快速建站的框架）

Flask 是一个面向简单需求和小型应用的轻量级、可定制的 Web 框架，在 Python Web 框架中比较"年轻"，于 2010 年诞生。Flask 吸收了其他 Web 框架的优点，主要针对微小项目，具有较高的灵活性和可扩展性。Flask 的特点包括具有内置开发服务器和调试器，可以与 Python 单元测试功能无缝衔接，完全兼容 WSGI 1.0 标准，基于 Unicode 编码，等等。

3）Tornado（高并发处理框架）

Tornado 是一个强大的、可扩展的、非阻塞式的、轻量级的 Web 框架。Tornado 作为 FriendFeed 网站的基础框架，于 2009 年 9 月开源，目前已经获得了很多社区的支持。Tornado 具有高效的网络库，可以提供异步 I/O 支持、超时事件处理等功能。Tornado 的 HTTP 服务器与 Tornado 异步调用紧密结合，可以直接用于生产环境。Tornado 还可以提供完备的 WebSocket 支持。

4）Twisted（底层自定义协议网络框架）

Twisted 是一个有十几年历史的、开源的、事件驱动型的 Web 框架。对追求服务器性能的应用程序来说，Twisted 框架是一个很好的选择。Twisted 支持多种协议，包括传输层的 UDP、TCP、TLS，以及应用层的 HTTP、FTP 等。针对这些协议，Twisted 提供了客户端和服务器端的开发工具。

2. 网络爬虫

网络爬虫又称为网络蜘蛛，是指按照某种规则在网络上爬取所需内容的脚本程序。Python 很早就被用于编写网络爬虫。一个网络爬虫程序主要由 4 部分组成，分别是爬虫调度器、URL 管理器、网页下载器、网页解析器。

1）爬虫调度器

爬虫调度器主要负责网络爬虫程序的开始、运行和结束。爬虫调度器主要由一个循环组成，在这个循环中，不停地判断是否还有 URL 需要下载和解析，直到待爬取的 URL 集合为空，终止循环，退出网络爬虫程序。

2）URL 管理器

URL 管理器是爬虫调度器的助手，可以辅助爬虫调度器管理两个集合：待爬取的 URL 集合、已爬取的 URL 集合。使用 Python 中的 set 数据类型可以管理这两个集合。

3）网页下载器

网页下载器主要用于进行网页下载。网页下载是网络爬虫的核心技术之一，其过程相对简单，会用到 Python 中的一些特定库，如 Urllib、Requests、Selenium 等。

4）网页解析器

网页解析器主要用于进行网页解析。网页解析是网络爬虫的核心技术之一，也是爬虫工作的最后一步。网页解析是指从页面中找到感兴趣的信息，并且将其提取出来。Python 中常用的解析库有 BeautifulSoup、requests-html、XPath 等。

【知识拓展】

Python 爬虫框架 Scrapy

Scrapy 是一个基于 Twisted 的异步爬虫框架，用户只需要定制几个模块，就可以轻松地编写一个爬虫程序，用于抓取网页中的内容，非常方便。

Scrapy 主要由调度器（Scheduler）、下载器（Downloader）、爬虫（Spider）、实体管道（Item Pipeline）和 Scrapy 引擎（Scrapy Engine）组成。

3.　游戏开发

目前市场上的很多游戏都使用 C++ 编写图形显示等高性能模块，使用 Python 或 Lua 编写游戏逻辑。与 Python 相比，Lua 的功能更简单，体积更小；而 Python 可以支持更多的特性和数据类型。国际上知名的游戏 *Sid Meier's Civilization*（《文明》）就是使用 Python 实现的，如图 1-7 所示。

图 1-7 使用 Python 开发的游戏

Python 可以直接调用 Open GL 实现 3D 绘制功能，这是高性能游戏引擎的技术基础。因此，有很多使用 Python 实现的游戏引擎，如 Pygame、Pyglet、Cocos2d 等。

4. 自动化运维

自动化运维是一种将静态的设备结构转换为根据 IT 服务需求动态弹性响应的策略，主要用于提高 IT 运维的质量，降低成本。在很多操作系统中，Python 是标准的系统组件，大部分 Linux 发行版及 NetBSD、OpenBSD 等都集成了 Python，可以在终端直接运行 Python。在通常情况下，使用 Python 编写的系统管理脚本的可读性、性能、代码复用度及可扩展性都优于普通的 Shell 脚本，所以 Python 非常适合用于进行自动化运维。常用的 Python 运维工具包括批量运维管理器 Pexpect、Paramiko、Fabric，以及集中化管理平台 Ansible、SaltStack 等，涵盖自动化操作、系统管理、配置管理、集群管理等。

5. 科学计算

Python 擅长进行科学计算和数据分析，支持各种数学运算，可以绘制更高质量的 2D 和 3D 图像。在科学计算领域，Python 有很多独有且成熟的开发库，包括 NumPy、SciPy、Pandas、Matplotlib 等。使用这些库，可以快速、高效地完成其他编程语言难以完成的工作。

1）NumPy

NumPy 是 Python 中专门用于进行数值计算的库，可以存储和处理大型矩阵。因为 NumPy 中的很多底层函数是使用 C 语言编写的，所以它的运算速度比原生 Python 的运算速度快很多。此外，NumPy 还是 SciPy、Pandas、Scikit-learn、TensorFlow 等框架的基础库。

10

笔记

2）SciPy

SciPy 是一个基于 NumPy 的软件包，通常应用于数学、工程等领域，可以高效处理统计、积分、优化、图像处理等问题。SciPy 使用的基本数据结构是由 NumPy 模块提供的多维数组，SciPy 与 NumPy 结合使用，可以提高科学计算的效率。

3）Pandas

Pandas 是一个基于 NumPy 构建的具备更高级数据结构和分析能力的工具包，它可以提供两种核心的数据结构，分别为 Series 和 DataFrame。Pandas 可以快速、直观地处理多种类型的数据，并且可以与其他第三方科学计算库完美集成。

4）Matplotlib

Matplotlib 是 Python 中的基础、核心数据可视化库，它不仅可以提供散点图、折线图、饼图等常用图表的绘制函数，还可以提供丰富的画布设置、颜色设置等方法。

6．人工智能

人工智能是现在的热点领域，传统行业与人工智能技术的结合是未来的发展方向，如计算机视觉与安防领域的结合、自然语言处理在翻译领域的应用等。Python 在人工智能领域内的机器学习、神经网络、深度学习等方面，都是主流的编程语言。

目前世界上优秀的人工智能学习框架大部分都是使用 Python 实现的，如 Google 的 TensorFlow（神经网络框架）、Facebook 的 PyTorch（神经网络框架）及开源社区的 Karas（神经网络库）等。可以说 AI 时代的来临，使 Python 从众多编程语言中脱颖而出。

1.1.3　小结回顾

【知识小结】

1．Python 是基于 ABC 语言、受 Modula-3 的影响，并且借鉴 UNIX Shell 和 C 语言等的优点开发出来的。

2．Python 2 和 Python 3 之间的差别很大，现在常用的 Python 版本是 Python 3。

3．Python 的优点包括简单、灵活、开源、免费、可移植性强、类库 /

笔记

模块丰富等。

　　4．Python 的应用领域众多，主要包括 Web 开发、网络爬虫、游戏开发、自动化运维、科学计算、人工智能等。

【知识足迹】

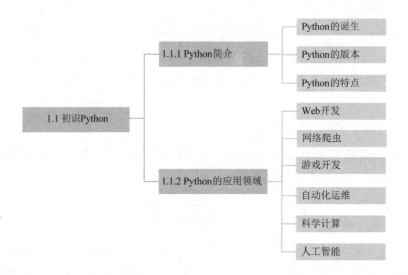

1.2　搭建 Python 开发环境

　　所谓"工欲善其事，必先利其器"，如果需要使用 Python，则需要先搭建 Python 开发环境。Python 是跨平台的开发工具，可以在 Windows、Linux、macOS 等操作系统中进行编程。

　　因为 Python 是解释型语言，所以需要使用解释器才能运行编写的代码。在通常情况下，为了使用方便，Python 开发环境中除了解释器程序，还需要有很多依赖的库，以及 Python 内置的包，因此我们需要搭建 Python 开发环境。本节主要介绍 Python 开发环境在 Windows 操作系统、Linux 操作系统、macOS 中的搭建过程。

1.2.1　在 Windows 操作系统中搭建 Python 开发环境

　　1．搭建 Python 开发环境

　　1）下载 Python 安装包

　　在 Python 官方网站下载安装包，路径为 Downloads → Windows，如图 1-8

所示。

笔记

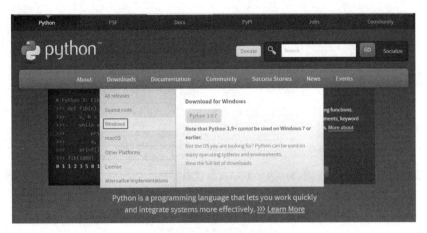

图 1-8 Python 官方网站

这里我们选择 Windows 操作系统中的 64 位 Python 3.8.5 可执行程序安装包进行下载，如图 1-9 所示。

Files

Version	Operating System	Description	MD5 Sum	File Size	GPG
Gzipped source tarball	Source release		e2f52bcf531c8cc94732c0b6ff933ff0	24149103	SIG
XZ compressed source tarball	Source release		35b5a3d0254c1c59be9736373d429db7	18019640	SIG
macOS 64-bit installer	macOS	for OS X 10.9 and later	2f8a736eeb307a27f1998cfd07f22440	30238024	SIG
Windows help file	Windows		3079d9cf19ac09d7b3e5eb3fb05581c4	8528031	SIG
Windows x86-64 embeddable zip file	Windows	for AMD64/EM64T/x64	73bd7aab047b81f83e473efb5d5652a0	8168581	SIG
Windows x86-64 executable installer	Windows	for AMD64/EM64T/x64	0ba2e9ca29b719da6e0b81f7f33f08f6	27864320	SIG
Windows x86-64 web-based installer	Windows	for AMD64/EM64T/x64	eeab52a08398a009c90189248ff43dac	1364128	SIG
Windows x86 embeddable zip file	Windows		bc354669bffd81a4ca14f06817222e50	7305731	SIG
Windows x86 executable installer	Windows		959873b37b74c1508428596b7f9df151	26777232	SIG
Windows x86 web-based installer	Windows		c813e6671f334a269e669d913b1f9b0d	1328184	SIG

图 1-9 下载 Python 安装包

2）安装 Python

双击下载的 Python 安装程序（python-3.8.5-amd64.exe），在打开的安装窗口中勾选 Add Python 3.8 to PATH 复选框，将 Python 的执行目录放到系统的 PATH 环境变量中，然后选择 Customize installation 选项，以便在 Windows 操作系统的任意位置调用 Python 解释器，如图 1-10 所示。

进入 Optional Features 界面，采用默认的参数设置（勾选所有复选框），表示安装 Python 文档、安装 pip 工具、安装 Tkinter 和 IDLE 开发环境、安装标准库测试套件、安装 py launcher（用于关联 .py 文件和 Python 解释器），如图 1-11 所示。

图 1-10　勾选 Add Python 3.8 to PATH 复选框并选择 Customize installation 选项

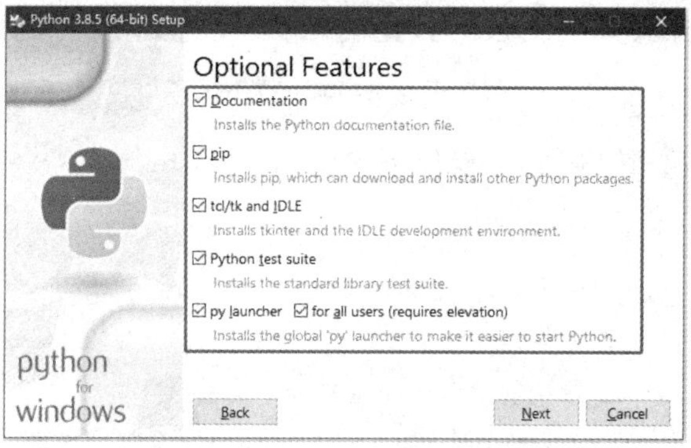

图 1-11　采用默认的参数设置

单击 Next 按钮，进入 Advanced Options 界面，首先勾选 Install for all users 复选框，为所有用户安装 Python，使当前计算机中的所有用户都可以使用；然后根据需要选择合适的安装位置，也可以使用默认的安装位置；最后单击 Install 按钮，开始安装，如图 1-12 所示。

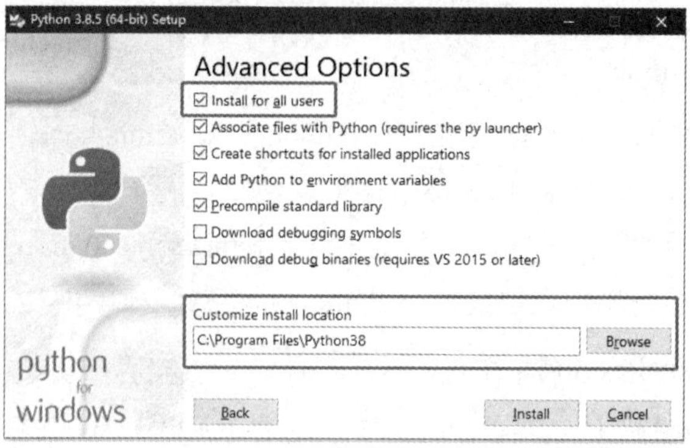

图 1-12　Advanced Options 界面中的参数设置

进入 Setup Progress 界面，安装时间由前面选择的安装内容决定，选择的内容越多，安装时间就越长，如图 1-13 所示。

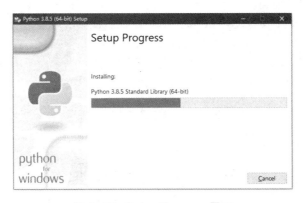

图 1-13　Setup Progress 界面

在 Python 安装完成后，进入 Setup was successful 界面，如图 1-14 所示，单击 Close 按钮，关闭安装窗口。

图 1-14　Setup was successful 界面

3）测试 Python 是否安装成功

在 Python 安装完成后，需要测试其是否安装成功，按 Win+R 快捷键，在弹出的"运行"对话框中输入命令"cmd"并按回车键，如图 1-15 所示，打开命令行窗口。

图 1-15　"运行"对话框

笔记

在命令行窗口中输入"python"并按回车键，如果出现如图 1-16 所示的信息，则表示安装成功。

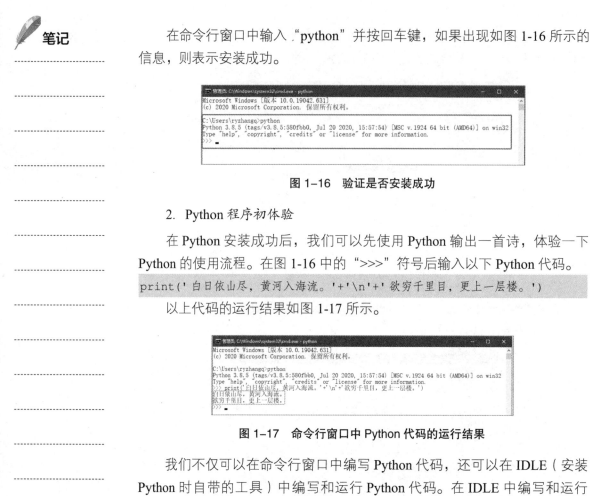

图 1-16　验证是否安装成功

2. Python 程序初体验

在 Python 安装成功后，我们可以先使用 Python 输出一首诗，体验一下 Python 的使用流程。在图 1-16 中的 ">>>" 符号后输入以下 Python 代码。

```
print('白日依山尽，黄河入海流。'+'\n'+'欲穷千里目，更上一层楼。')
```

以上代码的运行结果如图 1-17 所示。

图 1-17　命令行窗口中 Python 代码的运行结果

我们不仅可以在命令行窗口中编写 Python 代码，还可以在 IDLE（安装 Python 时自带的工具）中编写和运行 Python 代码。在 IDLE 中编写和运行 Python 代码时，会使用不同的颜色显示 Python 代码，使 Python 代码更容易阅读，如图 1-18 所示。

图 1-18　IDLE 中 Python 代码的运行结果

【注意】
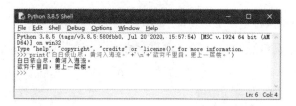

- 在编写 Python 代码时，不可以使用中文的括号和引号，否则会报错。
- Python 是区分大小写的，此处的 print 是小写的。
- 代码中的 '\n' 是换行符。

1.2.2　在 Linux 操作系统中搭建 Python 开发环境

Linux 操作系统是一个免费使用的类 UNIX 操作系统，是一个多用户、多任务、支持多线程和多 CPU、性能稳定的网络操作系统。

Linux 操作系统有上百种不同的发行版本，目前主流的发行版本包括 CentOS、Ubuntu、Fedora、openSUSE、Debian 等，并且这些发行版本都自带 Python 开发环境，但是有时会因版本问题无法完全满足我们的需求，需要我们自己搭建 Python 开发环境。下面以 64 位 CentOS 7 为例，介绍 Python 3 的安装方法，具体安装方法可以扫描右侧的二维码查阅。

1.2.3　在 macOS 中搭建 Python 开发环境

macOS 通常自带 Python 开发环境，在终端（Terminal）窗口中输入命令 "python" 并按回车键，可以查看 Python 开发环境版本，如图 1-19 所示。

```
traveler@TravelerdeMac-mini ~ % python

WARNING: Python 2.7 is not recommended.
This version is included in macOS for compatibility with legacy software.
Future versions of macOS will not include Python 2.7.
Instead, it is recommended that you transition to using 'python3' from within Terminal.

Python 2.7.18 (default, Nov 13 2021, 06:17:34)
[GCC Apple LLVM 13.0.0 (clang-1300.0.29.10) [+internal-os, ptrauth-isa=deployme on darwin
Type "help", "copyright", "credits" or "license" for more information.
>>>
```

图 1-19　查看 macOS 中的 Python 开发环境版本

根据图 1-19 可知，当前 macOS 自带的 Python 开发环境版本为 Python 2.7.18，而我们需要使用 Python 3，因此需要单独安装，具体安装方法可以扫描右侧的二维码查阅。

1.2.4　小结回顾

【知识小结】

1．Python 是跨平台的开发工具，可以在 Windows、Linux、macOS 等操作系统中进行编程。

2．因为 Python 是解释型语言，所以需要使用解释器才能运行编写的代码。

笔记

【知识足迹】

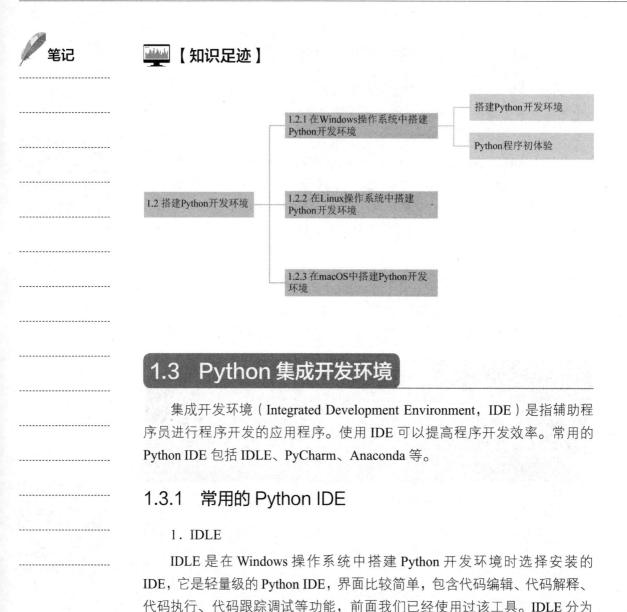

1.3 Python 集成开发环境

集成开发环境（Integrated Development Environment，IDE）是指辅助程序员进行程序开发的应用程序。使用 IDE 可以提高程序开发效率。常用的 Python IDE 包括 IDLE、PyCharm、Anaconda 等。

1.3.1 常用的 Python IDE

1．IDLE

IDLE 是在 Windows 操作系统中搭建 Python 开发环境时选择安装的 IDE，它是轻量级的 Python IDE，界面比较简单，包含代码编辑、代码解释、代码执行、代码跟踪调试等功能，前面我们已经使用过该工具。IDLE 分为初始时的交互模式（交互窗口）、编辑模式和调试模式，我们之前使用的是 IDLE 的交互模式，下面介绍 IDLE 的编辑模式和调试模式。

1）IDLE 的编辑模式

在 IDLE 的交互窗口的菜单栏中选择 File → New File 命令，即可进入 IDLE 的编辑模式，如图 1-20 所示。IDLE 的编辑模式是一个独立的窗口，初始状态是一个空的文档，等待输入代码。

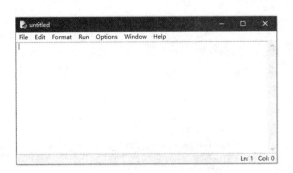

图 1-20　IDLE 的编辑模式

在 IDLE 的编辑模式下完成代码编辑后，在菜单栏中选择 File → Save 命令，或者按 Ctrl+S 快捷键，在弹出的"另存为"对话框中，将"保存类型"设置为"Python files(*.py,*.pyw)"，单击"保存"按钮，即可将编辑的代码保存为 Python 源代码文件，如图 1-21 所示。

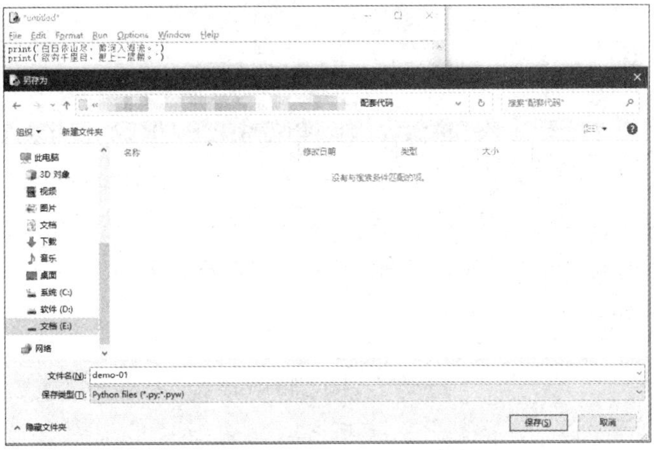

图 1-21　IDLE 代码保存

在保存代码后，就可以使用解释器对其进行解释和执行了。在菜单栏中选择 Run → Run Module 命令，或者按 F5 快捷键，即可对当前打开的 Python 文件进行解释和执行。执行结果会在交互窗口中显示出来，如图 1-22 所示。

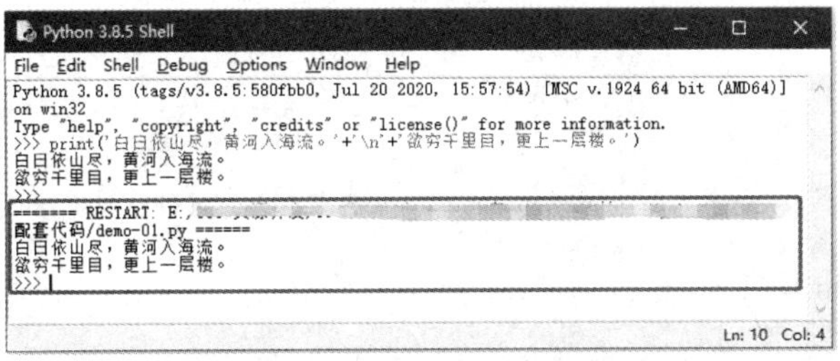

图 1-22　IDLE 代码的执行结果

2）IDLE 的调试模式

如果对代码执行结果有疑问，则需要对代码进行调试。在 IDLE 的交互窗口的菜单栏中选择 Debug → Debugger 命令，即可进入 IDLE 的调试模式，如图 1-23 所示。

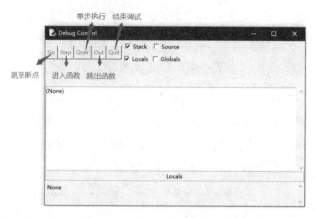

图 1-23　IDLE 的调试模式

如果需要在代码中添加断点，则可以在 IDLE 的代码编辑窗口中，右击要添加断点的代码行，在弹出的快捷菜单中选择 Set Breakpoint 命令即可。添加了断点的代码行会被自动设置成黄色，这时按 F5 快捷键，对代码进行解释和执行，就会进入 IDLE 的调试模式，并且在执行到断点处后自动停止，如图 1-24 所示。

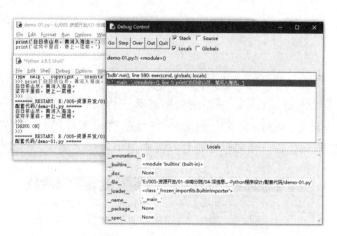

图 1-24　IDLE 断点调试

2．PyCharm

PyCharm 是目前运行于 Windows 操作系统中的一个比较流行的、功能比较强大的 IDE，它是 JetBrains 公司的一款商业软件，需要付费购买才能使用；但它提供了一个免费的社区版，功能比付费版少一些，如图 1-25 所示。

 笔记

图 1-25　PyCharm 社区版

PyCharm 的安装步骤很简单，因为本书不以 PyCharm 为主要工具，所以此处不详细介绍其安装步骤，下面列出安装 PyCharm 时需要注意的几点问题。

- 在选择安装位置时，所选安装盘剩余的存储空间一定不能小于 PyCharm 所需的存储空间。
- 在选择安装选项时，可以根据需要进行勾选。
- 在安装完成后，第一次打开 PyCharm，需要进行相应的设置。

3．Anaconda

Anaconda 是目前比较流行的 Python 发行版本，它有强大的包管理与环境管理功能。Anaconda 中不仅包含 Python 的基本环境和内置库，还包含一些常用的第三方包，使用起来非常方便。安装 Anaconda 会自动安装 Jupyter Notebook，而 Jupyter Notebook 作为一个交互式的工具，非常适合初学者使用，也是本书主要使用的工具。读者可以扫描右侧的二维码，学习 Anaconda 的相关知识。

1.3.2　Jupyter Notebook

Jupyter Notebook 是一个交互式的 Python IDE，其本质是一个 Web 应用程序，便于创建和共享程序文档，可以一边编写代码一边记笔记，如果计算机中已经安装了 Anaconda，那么选择 "开始" 菜单中的 Jupyter Notebook 命令即可将其打开。Jupyter Notebook 的主页如图 1-26 所示。

笔记

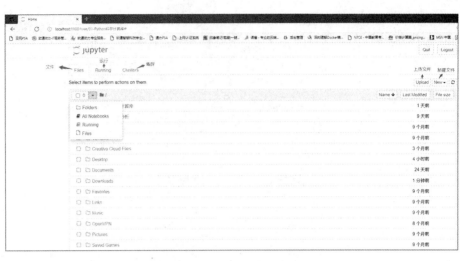

图 1-26　Jupyter Notebook 的主页

　　Jupyter Notebook 主页的菜单栏中有 3 个选项卡，分别为 Files（文件）、Running（运行）、Clusters（集群），我们经常使用的是 Files 选项卡，在该选项卡中可以对文件进行复制、重命名、移动、下载、删除等操作，如图 1-27 所示。

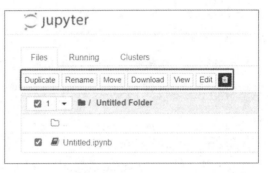

图 1-27　Jupyter Notebook 主页中的 Files 选项卡

　　对于 Jupyter Notebook 在 Windows、macOS 等操作系统中的安装和使用方法，可以扫描左侧的二维码在线阅读。

1.3.3　案例 1：计算体脂率

　　至此，我们已经搭建好了 Python 开发环境，并且选择了一个适合初学者使用的交互式 Python 开发环境 Jupyter Notebook。下面我们通过案例"计算体脂率"，让大家在正式、系统地学习 Python 前，先体验一下 Python 的魅力。之前我们只使用过基本函数 print()，在本案例中，除了 print() 函数，我们还会使用 input()、int()、float()、format() 函数。

【案例描述】

体脂率是指人体内的脂肪质量与人体总体重的比率，它反映了人体内脂肪含量的多少。男性和女性体脂率的正常范围不同，男性体脂率的正常范围为 15% ~ 18%，女性体脂率的正常范围为 25% ~ 28%，体脂率过高和过低都会影响健康。

要计算体脂率，需要先计算 BMI（Body Mass Index，身体质量指数）。BMI 的计算公式如下：

$$BMI（国际单位为 kg/m^2）= 体重 \div 身高的平方$$

然后结合 BMI 计算体脂率，计算公式如下：

体脂率 = 1.2×BMI + 0.23 × 年龄 – 5.4 – 10.8× 性别（男为 1，女为 0）

【案例要求】

- 接收用户输入的信息。
- 计算 BMI。
- 计算体脂率。

【实现思路】

（1）使用 input() 函数实现动态信息输入。

（2）使用 int()、float() 函数将输入的性别、年龄、身高、体重的数据类型由字符串类型转换为可用于计算的数值型。

（3）计算 BMI 和体脂率。

（4）使用 format() 函数格式化输出信息。

【案例代码】

扫描右侧的二维码，可以查阅本案例的代码。

【运行结果】

本案例代码的运行结果如图 1-28 所示。

【练一练】

　　大家可以参考"案例 1：计算体脂率"中的代码，计算父母的体脂率。可以设计更好的交互方式。例如，BMI 和体脂率保留 2 位小数，根据体脂率判断体重是否属于正常范围，等等。如果体脂率不在正常范围内，则要提醒父母锻炼身体，平时注意合理饮食。

笔记

```
Python 3.8.1 Shell                                           —  □  ×
File  Edit  Shell  Debug  Options  Window  Help
Python 3.8.1 (tags/v3.8.1:1b293b6, Dec 18 2019, 23:11:46) [MSC v.1916 64 bit (AM
D64)] on win32
Type "help", "copyright", "credits" or "license()" for more information.
>>>
== RESTART: C:\Users\gbb\AppData\Local\Programs\Python\Python38\helloworld.py ==
请输入姓名:郭靖
请输入性别(男为1，女为0):1
请输入年龄:20
请输入身高（单位：m）：1.81
请输入体重（单位：kg）:75
——————————————个人信息—郭靖——————————————
姓名：郭靖
性别：1
年龄：20
身高（cm）：1.81
体重（kg）：75.0
BMI：22.89307408198773
体脂率：15.871688898385276
>>> |
```

图 1-28　计算体脂率——运行结果

1.3.4　小结回顾

【知识小结】

1．常用的 Python IDE 包括 IDLE、PyCharm、Anaconda 等。

2．本书使用的开发工具为安装 Anaconda 时自带的 Jupyter Notebook。

3．Jupyter Notebook 是一个交互式的 Python 开发环境，便于创建和共享程序文档，可以一边编写代码一边记笔记。

【知识足迹】

1.4　本章回顾

【本章小结】

本章内容共分为 3 部分，第一部分主要介绍 Python 的诞生、Python 的版本、Python 的特点及 Python 的应用领域，旨在让大家对 Python 有一个系统的认识；第二部分主要介绍在 Windows 操作系统、Linux 操作系统和 macOS 中搭建 Python 开发环境的方法和过程；第三部分主要介绍 Python 集成开发环境，首先介绍常用的 Python IDE，包括 IDLE、PyCharm、Anaconda，然后介绍 Jupyter Notebook 的相关知识，最后使用"计算体脂率"案例带领大家体验 Python 的魅力。

【综合练习】

1. 以下不属于 Python 特点的是（　　　）。

   A．开源、免费　　　　　　　　　B．可移植性强

   C．类库丰富　　　　　　　　　　D．编译型语言

2. 以下不属于常用的 Python IDE 的是（　　　）。

   A．PyCharm　　　　　　　　　　B．Visual Studio

   C．Anaconda　　　　　　　　　　D．IDLE

3. 在以下关于 Python 的描述中，错误的是（　　　）。

   A．Python 是解释型语言

   B．Python 的运行速度高于 Java

   C．Python 是开源且免费的

   D．Python 具有丰富的类库

4. 简述 Python 的应用领域。

第2章

Python 的基础语法与 Python 中的数据类型

【本章概览】

我们可以将编程语言类比为人类世界中的语言。例如，我们可以将 Python 看作汉语，要使用汉语，首先要学习它的语法和规范（Python 的基础语法），了解汉字、词语、成语等（Python 中的数据类型）。

本章内容分为 3 部分，分别为 Python 的基础语法、Python 中的基本数据类型和 Python 中的高级数据类型。

【知识路径】

2.1　Python 的基础语法

语法是对语言进行系统研究后，系统地总结、归纳出来的一系列语言规则。所有的语言都有语法，编程语言也不例外。本节主要介绍 Python 的基础语法。

2.1.1　Python 的语法特点

Python 与 C 语言、Java 等编程语言有很多相似之处，但是也存在一些差异，下面从 6 方面介绍 Python 的语法特点：代码缩进、注释、标识符与关键字、命名规范、编码规范、基本的输入函数和输出函数。

1. 代码缩进

Python 与 C 语言、Java 等编程语言的最大区别就是缩进方式不同，Python 不使用大括号"{}"分隔代码块，它通过代码缩进区分模块。代码缩进可以通过按空格键或 Tab 键实现。需要注意的是，相同级别代码块的缩进量必须相同，如果不采用合理的代码缩进方式，那么系统会报错，如图 2-1 所示。

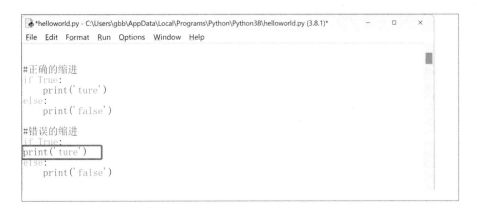

图 2-1　Python 的代码缩进

2. 注释

Python 注释有两种，分别为单行注释和多行注释，单行注释使用"#"符号作为开头，多行注释使用 3 个英文单引号（'''）或 3 个英文双引号（"""）作为开头和结尾，如图 2-2 所示。

笔记

图 2-2　Python 的注释

3. 标识符与关键字

标识符是计算机语言中允许作为名字的有效字符串集合，主要用于标识变量、函数、类、模块等的名称。Python 中的标识符规则和 C 语言、Java 等编程语言中的标识符规则类似，总结如下。

- 标识符由字母（A ~ Z 和 a ~ z）、数字和下画线组成，但数字不能作为第一个字符。
- 标识符中不能包含空格、@、% 等特殊字符。
- 标识符中不能包含 Python 关键字。

对于 Python 中的关键字（保留字），可以在标准库的 keyword 模块中查看，如图 2-3 所示。

```
Python 3.8.1 Shell                                          —  □  ×
File Edit Shell Debug Options Window Help
Python 3.8.1 (tags/v3.8.1:1b293b6, Dec 18 2019, 23:11:46) [MSC v.1916 64 bit (AM
D64)] on win32
Type "help", "copyright", "credits" or "license()" for more information.
>>>
== RESTART: C:\Users\gbb\AppData\Local\Programs\Python\Python38\helloworld.py ==
>>> import keyword
>>> keyword.kwlist
['False', 'None', 'True', 'and', 'as', 'assert', 'async', 'await', 'break', 'cla
ss', 'continue', 'def', 'del', 'elif', 'else', 'except', 'finally', 'for', 'from
', 'global', 'if', 'import', 'in', 'is', 'lambda', 'nonlocal', 'not', 'or', 'pas
s', 'raise', 'return', 'try', 'while', 'with', 'yield']
>>> |
```

图 2-3　Python 中的关键字

4. 命名规范

在编写代码时，命名很重要，好的名字可以提高代码的可读性。常用的命名规范如下。

- 包名不宜过长，全部使用小写字母，不推荐使用下画线，如 mypackage。

- 模块名不宜过长，全部使用小写字母，多个单词之间可以使用下画线分隔，如 my_module。

- 类名应该使用首字母大写的单词串（驼峰命名），如 MyClass。

- 函数、变量和属性的命名规范与模块的命名规范类似，即全部使用小写字母，多个单词之间可以使用下画线分隔。

- 常量、全局变量全部使用大写字母，多个单词之间可以使用下画线分隔。

- 使用单下画线 "_" 开头的模块和函数是受保护的，使用双下画线 "__" 开头的变量和方法是类私有的。

5. 编码规范

Python 一般使用 PEP8 作为编码规范。PEP8 是吉多团队在 2001 年 7 月创建的，PEP 是 Python Enhancement Proposal（Python 增强提案）的缩写，8 是版本号。PEP8 对 Python 代码的编码规范进行了规定，其中定义了九大类详细的要求，下面列出一些常用的要求，供大家参考。

1）文档编排

- 一条 import 语句只可以导入一个模块，在编码规范中，不推荐使用 import 语句同时导入多个模块，如不推荐使用语句 "import os, sys" 同时导入 os 模块和 sys 模块。

- 当需要导入模块中的某个特定函数时，可以采用 "from module_name import function_name" 的格式，其中，module_name 为导入的模块名，function_name 为某个特定的函数名。

2）代码编排

- 4 个空格的缩进（编辑器都可以完成此功能），在编辑器中，按 1 次 Tab 键默认表示缩进 4 个空格，但不宜混合使用 Tab 键和空格，因为如果空格数量少于或多于 4 个，就会出现代码缩进错误。

- 不要在行尾添加英文分号 ";"，也不要使用英文分号将两条命令放在同一行中。

笔记

- 每行的字符数不应超过 79 个，如果超过了，则建议使用小括号 "()" 将多行内容隐式地连接起来。
- 在 if、for、while 语句中，即使执行语句只有一条，也要另起一行。

3）注释

- 与代码自相矛盾的注释比不添加注释的效果更差，在修改代码时，要优先更新注释。
- 注释块通常放在代码前，并且和这些代码采用相同的缩进格式。

4）空格（总体原则，避免使用不必要的空格）

- 不要在右括号、逗号、冒号、分号前添加空格。
- 不要在函数的左括号前、序列的左括号前添加空格，如 Func(1)、list[2]。
- 文件中的函数与类之间应该用两个空行隔开；在同一个类中，各个方法之间应该用一个空行隔开。
- 在为变量赋值时，赋值符号的左侧和右侧应该有且只有一个空格。

6. 基本的输入函数和输出函数

Python 中基本的输入函数和输出函数分别是 input() 函数和 print() 函数，这两个函数在"计算体脂率"案例中使用过。

1）input() 函数

input() 函数是 Python 中的内置函数，主要用于接收用户使用键盘输入的信息，其基本语法如下：

```
str = input('提示要输入的内容')
```

str 是用于存储输入信息的变量。在 Python 3 中，使用键盘输入的数字和字符都会被作为字符串读取，所以在"计算体脂率"案例中会使用 int()、float() 函数转换数据类型。

2）print() 函数

print() 函数是我们接触 Python 时用到的第一个函数，主要用于将结果输出到控制台或指定文件中。

基本的输入和输出函数的应用示例如【代码 2-1】所示。

【代码 2-1】基本的输入和输出函数的应用示例

```
# 构建输入信息
sales_1 = float(input('请输入您第一季度的销售额（万元）: '))
sales_2 = float(input('请输入您第二季度的销售额（万元）: '))
```

```
sales_3 = float(input('请输入您第三季度的销售额（万元）: '))
sales_4 = float(input('请输入您第四季度的销售额（万元）: '))
sales_year = sales_1+sales_2+sales_3+sales_4
# 输出到控制台中
print('您全年的销售额为（万元）: ',sales_year)
# 输出到指定文件中
file_1 = open(r'D:\test.txt','a+')
print('您全年的销售额为（万元）: ',sales_year,file=file_1)
file_1.close()
```

【代码 2-1】的运行结果如图 2-4 所示。

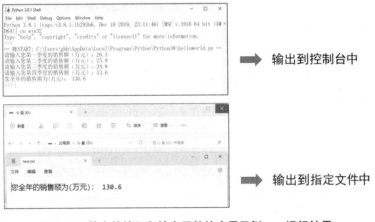

图 2-4　基本的输入和输出函数的应用示例——运行结果

2.1.2　Python 中的运算符

运算符是用于执行特定的数学或逻辑运算的符号。Python 提供了丰富的运算符，包括算术运算符、赋值运算符、比较运算符、逻辑运算符等。

1. 算术运算符

算术运算符主要用于进行基本的数学运算。Python 中常用的算术运算符如表 2-1 所示。

表 2-1　Python 中常用的算术运算符

算术运算符	说明	示例	结果
+	加法	12+10	22
−	减法	12−10	2
*	乘法	12*10	120
/	除法	12/10	1.2

笔记

算术运算符	说明	示例	结果
%	取模，返回除法的余数	12%10	2
**	幂	3**5	243
//	整除，返回商的整数部分（向下取整）	12//5	2

2. 赋值运算符

赋值运算符主要用于为变量赋值。在编程语言中，变量是程序员定义的一串字符，代表一个数据，可以看作程序员给这个数据起的名字。Python 中常用的赋值运算符如表 2-2 所示。

表 2-2　Python 中常用的赋值运算符

赋值运算符	说明	示例	示例说明
=	最简单的赋值	c = a + b	将 a + b 的运算结果赋值给 c
+=	加法赋值	c += a	相当于 c = c + a
-=	减法赋值	c -= a	相当于 c = c - a
*=	乘法赋值	c *= a	相当于 c = c * a
/=	除法赋值	c /= a	相当于 c = c / a
%=	取模赋值	c %= a	相当于 c = c % a
**=	幂赋值	c **= a	相当于 c = c ** a
//=	整除赋值	c //= a	相当于 c = c // a

3. 比较运算符

比较运算符又称为关系运算符，主要用于对变量或表达式结果进行比较（表达式是使用运算符将不同类型的数据连接起来的式子），其返回结果有两种，分别是 True（真）和 False（假）。Python 中常用的比较运算符如表 2-3 所示。

表 2-3　Python 中常用的比较运算符

比较运算符	说明	示例	结果
>	大于	10>12	False
<	小于	10<12	True
==	等于	'a'=='a'	True
!=	不等于	'a'!='a'	False
>=	大于或等于	12>=10	True
<=	小于或等于	12<=10	False

4. 逻辑运算符

逻辑运算符主要用于表示日常交流中的并且、或者、除非等。使用逻辑运算符可以将两个或多个关系表达式连接成一个表达式，或者使表达式的逻辑反转。Python 中常用的逻辑运算符如表 2-4 所示。

表 2-4　Python 中常用的逻辑运算符

逻辑运算符	说明	示例	结果
and	逻辑与，如果左右两边都为真，则返回 True，否则返回 False	10>12 and 20>15	False
or	逻辑或，如果左右两边有一个为真，则返回 True，否则返回 False	10>12 or 20>15	True
not	逻辑非，可以使表达式的逻辑反转	not 10>12	True

5. 其他运算符

除了上述运算符，Python 中还有成员运算符、身份运算符、位运算符（将数字看作二进制数进行计算），如表 2-5 所示。

表 2-5　Python 中的其他运算符

运算符分类	运算符	说明
成员运算符	in	如果在指定的序列中找到指定值，则返回 True，否则返回 False
	not in	如果在指定的序列中没有找到指定值，则返回 True，否则返回 False
身份运算符	is	判断两个变量是否引用同一个对象，如果是，则返回 True，否则返回 False
	is not	判断两个变量是否引用不同的对象，如果是，则返回 True，否则返回 False
位运算符	&	按位与，将参与运算的两个数转换为二进制形式，如果对应的两个二进制位上的值都为 1，那么结果位上的值为 1，否则为 0
	|	按位或，将参与运算的两个数转换为二进制形式，只要对应的两个二进制位上的值有一个为 1，结果位上的值就为 1，否则为 0
	^	按位异或，将参与运算的两个数转换为二进制形式，如果对应的两个二进制位上的值相异，那么结果位上的值为 1，否则为 0
	~	按位取反，对数据的每个二进制位上的值取反，也就是将 1 变为 0，将 0 变为 1
	<<	左移，将一个二进制操作数向左移动指定位数，将高位（左边）丢弃，将低位（右边）补 0
	>>	右移，将一个二进制操作数向右移动指定位数，将低位（右边）丢弃，在填充高位（左边）时，如果最高位上的值是 0（正数），则填入 0；如果最高位上的值是 1（负数），则填入 1

6. 运算符的优先级

代码中的运算符是有优先级的，在一行代码中，优先级高的运算先执行，优先级低的运算后执行，相同优先级的运算按照从左到右的顺序执行。Python 中运算符的优先级如表 2-6 所示。

笔记

表 2-6   Python 中运算符的优先级

运算符	说明
**	幂（最高优先级）
~、+、-	按位取反、正号、负号
*、/、%、//	乘法、除法、取模、整除
+、-	加法、减法
<<、>>	左移、右移
&	按位与
^	按位异或
|	按位或
>、<、==、!=、>=、<=	比较运算符
=、+=、-=、*=、/=、%=、**=、//=	赋值运算符
is、is not	身份运算符
in、not in	成员运算符
and、or、not	逻辑运算符

运算符的应用示例如【代码 2-2】所示。

【代码 2-2】运算符的应用示例

```python
# 定义变量 stu_a、stu_b，分别表示 a 同学和 b 同学的语文成绩
# 使用赋值运算符
stu_a = float(input('请输入 a 同学的语文成绩：'))
stu_b = float(input('请输入 b 同学的语文成绩：'))
# 使用算术运算符
avg = (stu_a + stu_b)/2
print('语文成绩的平均值：',avg)
# 使用比较运算符
if stu_a > stu_b:
    print('a 同学的语文成绩高于 b 同学')
else:
    print('a 同学的语文成绩低于 b 同学')
# 使用逻辑与运算符
if stu_a>=90 and stu_b>=90:
    print('a 同学和 b 同学的语文成绩都很优秀')
```

【代码 2-2】的运行结果如图 2-5 所示。

图 2-5　运算符的应用示例——运行结果

2.1.3　小结回顾

【知识小结】

1．Python 不使用大括号 "{}" 分隔代码块，它通过代码缩进区分模块。

2．Python 注释分为单行注释和多行注释，单行注释使用 "#" 符号作为开头，多行注释使用 3 个英文单引号（'''）或 3 个英文双引号（"""）作为开头和结尾。

3．Python 一般采用 PEP8 作为编码规范。PEP8 中定义了九大类详细的要求。

4．Python 中基本的输入函数和输出函数分别是 input() 函数和 print() 函数。

5．运算符是用于执行特定的数学或逻辑运算的符号。Python 中常用的运算符包括算术运算符、赋值运算符、比较运算符、逻辑运算符等。

【知识足迹】

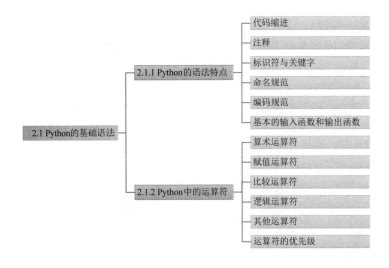

2.2 Python 中的基本数据类型

在编写代码时，需要处理的数据有多种类型，如用于表示年龄的数字类型，用于表示名字的字符串类型，用于表示婚姻状况的布尔类型等，这些都属于基本数据类型。所有的编程语言都有数据类型，Python 也不例外，Python 中的基本数据类型包括数字类型、字符串类型和布尔类型。

2.2.1 数字类型

数字类型主要用于存储数值。如果要修改数字类型中的变量值，那么会先将该值存储于内存中，然后让其指向新的内存地址。Python 中的数字类型包括整数类型（int）、浮点数类型（float）和复数类型（complex）。

1. 整数类型

整数类型主要用于表示数学中的整数数值，包括正整数、负整数和 0。在 Python 中，整数按照表现形式可以分为十进制整数（默认）、二进制整数、八进制整数和十六进制整数，相关说明如表 2-7 所示。

表 2-7　Python 中的整数类型

整数类型	说明	示例
十进制整数	默认采用十进制整数	25
二进制整数	以 0b/0B 开头，由 0 和 1 组成，"逢二进一"	0b10101 转换为十进制整数是 21
八进制整数	以 0o/0O 开头，由 0 ~ 7 组成，"逢八进一"	0o765 转换为十进制整数是 501
十六进制整数	以 0x/0X 开头，由 0 ~ 9、A ~ F 组成，"逢十六进一"	0x8C 转换为十进制整数是 140

需要注意的是，无论用什么方式表示整数，在计算机中，所有的数据都是以二进制的形式存储于内存中的。

2. 浮点数类型

浮点数类型主要用于表示数学中的小数，如 3.1415926、1.414 等。浮点数还可以使用科学记数法的形式表示，也就是将一个数表示成一个小数与 10 的 n 次幂相乘的形式，在 Python 中使用 e/E 表示，如 3.14 可以表示为 0.314e1、0.0314e2、314e-2 等。

需要注意的是，在使用浮点数进行计算时，因为小数也是采用二进制的形式存储于内存中的，所以小数计算与数学计算会存在偏差，如图 2-6 所示。

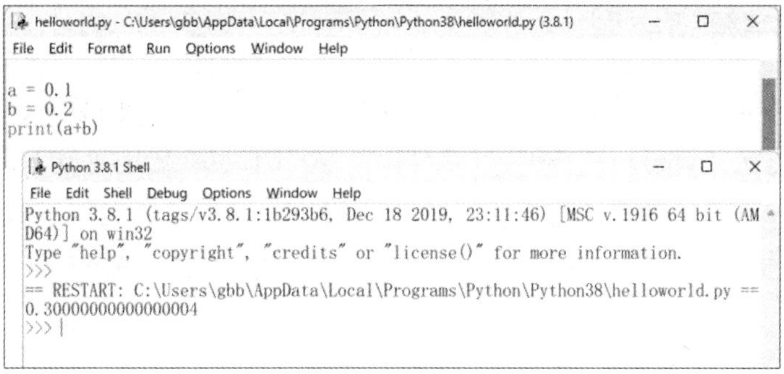

图 2-6　浮点数计算

因为 0.1 和 0.2 在内存中是以一个非常接近的数字存储的，所以两者相加，得到的数字不是精确的 0.3。出于以上原因，在编程语言中，不能直接使用比较运算符 "=="判断浮点数的大小，如图 2-7 所示。

图 2-7　浮点数的大小比较

3．复数类型

复数类型主要用于表示数学中的复数，其形式与数学中的复数形式相同，都是由实部和虚部组成的。例如，在复数 a+bj 中，a 代表实部，b 代表虚部。可以使用 real 和 imag 分别访问复数的实部和虚部，如图 2-8 所示。

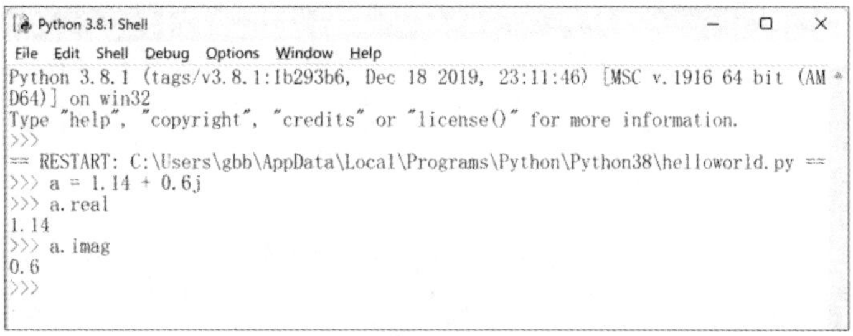

图 2-8　访问复数的实部和虚部

笔记

2.2.2　字符串类型

字符串类型是用于表示文本的数据类型。字符串可以由数字、字母、下画线组成。在 Python 中，用英文引号标识的一串字符就是字符串，如图 2-9 所示。图 2-9 中的 4 种引号都可以标识字符串。需要注意的是，前面和后面使用的引号形式必须保持一致。

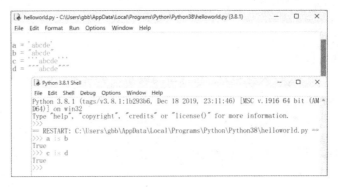

图 2-9　Python 中的字符串

1. 转义字符

Python 中的字符串支持转义字符，即使用反斜杠 "\\" 对一些特殊字符进行转义。Python 中常用的转义字符如表 2-8 所示。

表 2-8　Python 中常用的转义字符

转义字符	说明
\\	续行符，在行尾使用
\n	换行符
\'	单引号
\"	双引号
\\\\	一个反斜杠
\t	横向制表符，用于横向跳转到下一个制表位

2. 字符串的基本操作

字符串的基本操作包括使用加号 "+" 连接字符串，使用索引访问字符串中的字符，使用切片截取字符串中的一部分，使用成员运算符判断字符串中是否包含指定字符，等等，总结如表 2-9 所示。

表 2-9　字符串的基本操作

字符串操作	说明	示例
+	使用加号 "+" 连接字符串	'abc'+'def'

续表

字符串操作	说明	示例
[]	使用索引访问字符串中的字符	a[2]
[:]	使用切片截取字符串中的一部分	a[1:3]
in、not in	使用成员运算符判断字符串中是否包含指定字符	'd' in a
*	重复输出字符串	a*3

下面通过案例演示字符串的基本操作，如【代码 2-3】所示。

【代码 2-3】字符串的基本操作

```
# 打印王昌龄的《出塞》
a = '秦时明月汉时关，'
b = '万里长征人未还。'
c = '但使龙城飞将在，'
d = '不教胡马度阴山。'
# 连接字符串
poetry = a+b+'\n'+c+d
print(poetry)
# 使用索引访问字符串中的字符
print(a[2])
# 使用切片截取字符串中的一部分
print(poetry[:7])
print(poetry[8:15])
# 使用成员运算符判断字符串中是否包含指定字符
print('月' in a)
# 重复输出字符串
print(d*2)
```

【代码 2-3】的运行结果如图 2-10 所示。

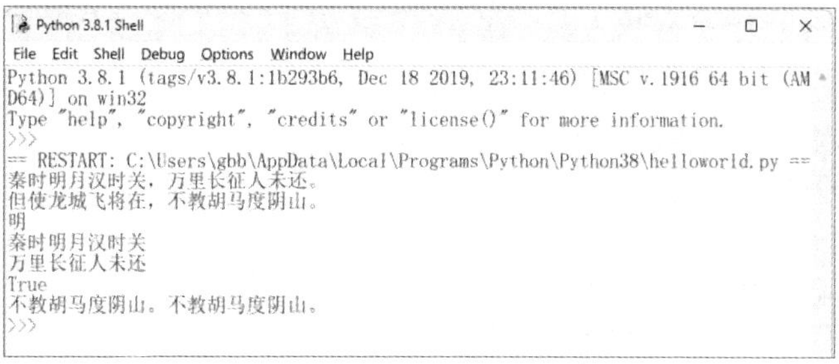

图 2-10　字符串的基本操作——运行结果

3. 格式化字符串

格式化字符串是指先制定一个模板，在这个模板上预留几个空位，再根据需要填写相应的内容。在 Python 中，格式化字符串的方式有 3 种，分别是使用 "%" 操作符、使用 format() 函数和使用 f-string 方法。

1）使用 "%" 操作符格式化字符串

使用 "%" 操作符格式化字符串的语法格式如下：

```
'%[-][+][0][m][.n]type'%exp
```

使用 "%" 操作符格式化字符串的语法格式的参数及说明如表 2-10 所示。

表 2-10　使用 "%" 操作符格式化字符串的语法格式的参数及说明

参数	说明
-	【可选参数】用于指定字符串左对齐，正数不变，负数加负号
+	【可选参数】用于指定字符串右对齐，正数加正号，负数加负号
0	【可选参数】用于指定字符串右对齐，正数不变，负数加负号，用 0 填充空白处，一般与后面的参数 [m] 一起使用
m	【可选参数】用于表示数值所占的宽度
.n	【可选参数】用于表示小数点后保留的位数
type	【必选参数】格式化字符，用于指定数据类型，如字符、字符串、十进制整数、无符号整数等
exp	要转换的项，如果要转换的项有多个，则可以使用元组指定，不能使用列表指定

【温馨提示】

切片、索引、元组、列表的相关知识将在 2.3 节中详细介绍，这里了解即可。

Python 中常用的格式化字符如表 2-11 所示。

表 2-11　Python 中常用的格式化字符

格式化字符	说明	格式化字符	说明
%c	字符及其 ASCII 码	%o	无符号八进制整数
%s	字符串	%x	无符号十六进制整数
%d	十进制整数	%f 或 %F	浮点数，可以指定小数点后保留的位数
%u	无符号整数	%e 或 %E	使用科学记数法格式化浮点数

2）使用 format() 函数格式化字符串

字符串对象提供了 format() 函数，用于格式化字符串，它使用 "{}" 符号和 ":" 符号代替 "%" 操作符（目前一般使用 format() 函数格式化字符串，"%" 操作符不太常用了），其语法格式如下：

```
template.format(exp)
```

其中，template 主要用于指定字符串的显示样式，即模板；exp 主要用于指定要转换的项，如果有多项，则使用英文逗号进行分隔。

接下来重点介绍模板。模板使用 "{}" 符号和 ":" 符号指定占位符，其语法格式如下：

```
{[index][:[[fill]align][sign][#][width][,][.precision][type]]}
```

模板的参数及说明如表 2-12 所示。

笔记

表 2-12　模板的参数及说明

参数	说明
index	【可选参数】用于指定要设置格式的对象在参数列表中的索引值
fill	【可选参数】用于指定在空白处填充的字符
align	【可选参数】用于指定对齐方式，和 width 参数配合使用。 ● <，内容左对齐 ● >，内容右对齐（默认） ● =，内容右对齐，将符号放置在填充字符的左侧，并且只对数字类型有效 ● ^，内容居中
sign	【可选参数】用于指定无符号数。 ● +，正数加正号，负数加负号 ● -，正数不变，负数加负号 ● 空格，正数加空格，负数加负号
#	【可选参数】对于二进制数、八进制数、十六进制数，如果加上 "#" 符号，会显示 0b/0o/0x 前缀，否则不显示前缀
width	【可选参数】用于指定格式化位所占的宽度
,	【可选参数】为数字添加分隔符，如 5,000,000
.precision	【可选参数】用于指定小数点后保留的位数
type	【可选参数】用于指定格式化字符的数据类型，如果未指定，则采用默认的字符串类型

format() 函数中常用的格式化字符如表 2-13 所示。

表 2-13　format() 函数中常用的格式化字符

格式化字符	说明
s	格式化字符串
d	十进制整数
b	将十进制整数自动转换为二进制整数，然后将其格式化
c	将十进制整数自动转换为对应的 Unicode 字符
o	将十进制整数自动转换为八进制整数，然后将其格式化
x 或 X	将十进制整数自动转换为十六进制整数，然后将其格式化

笔记

格式化字符	说明
f 或 F	转换为浮点数（默认小数点后保留 6 位），然后将其格式化
e 或 E	转换为科学记数法格式（使用 e 或 E 表示），然后将其格式化
g 或 G	自动转换为浮点数或科学记数法格式，然后将其格式化
%	显示百分比（默认显示小数点后 6 位）

格式化字符串的应用示例如【代码 2-4】所示。

【代码 2-4】格式化字符串的应用示例

```
# 某班级中的学生信息记录
# 1-使用"%"操作符格式化字符串
template1 = '编号：%08d\t 姓名：%-6s\t 性别：%-2s\t 年龄：%2d\t 身
高：%-.2f\t 体重：%.2f\t'
context1 = (1,'张三','男',23,1.72,65.2)
context2 = (2,'李四','女',20,1.61,48.5)
print(template1%context1)
print(template1%context2)
# 2-使用 format()函数格式化字符串
template2 = '编号：{:0>8d}\t 姓名：{:<6s}\t 性别：{:<2s}\t 年龄：{:2d}\t
身高：{:.2f}\t 体重：{:.2f}\t'
print(template2.format(3,'王五','男',25,1.78,73))
print(template2.format(4,'赵六','男',28,1.75,69.6))
```

【代码 2-4】的运行结果如图 2-11 所示。

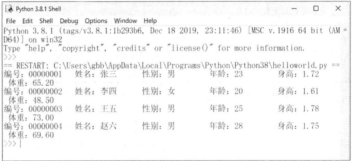

图 2-11　格式化字符串的应用示例——运行结果

3）使用 f-string 方法格式化字符串

在 Python 3.6 中，新增了一种格式化字符串的方法，即使用 f-string 方法格式化字符串，该方法可以直接在占位符中插入变量，使用起来非常方便，如图 2-12 所示。

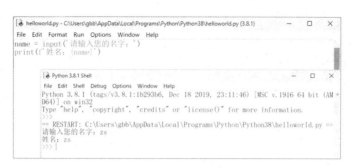

图 2-12　使用 f-string 方法格式化字符串

根据图 2-12 可知，使用 f-string 方法格式化字符串很简单，先在需要格式化的字符串前添加字母 f，再将被替换的变量或表达式放到大括号 "{}" 中即可。

4. 常用的字符串函数

在程序开发过程中，经常需要对字符串进行操作，如替换字符串中的某个字符、切割字符串等，常用的字符串函数如表 2-14 所示。

表 2-14　常用的字符串函数

函数	说明
replace(str1, str2[,num])	将字符串中的 str1 替换成 str2，如果指定了 num 的值，则替换不超过 num 次
split(str, [,num])	以 str 为分隔符分隔字符串，如果指定了 num 的值，则分隔 num+1 个子字符串
upper()	将所有的字母都转换为大写字母
lower()	将所有的字母都转换为小写字母
title()	将首字母转换为大写字母
swapcase()	翻转字符串中字母的大小写格式
lstrip()	删除字符串开头的空格
rstrip()	删除字符串末尾的空格
strip()	删除字符串开头和结尾的空格
join(seq)	使用指定的字符连接序列中的元素，生成一个新的字符串
endswith(obj)	检查字符串是否以 obj 结束，如果是，则返回 True，否则返回 False
startswith(obj)	检查字符串是否以 obj 开头，如果是，则返回 True，否则返回 False

常用字符串函数的应用示例如【代码 2-5】所示。

【代码 2-5】常用字符串函数的应用示例

```
str11 = 'Python 是一门编程语言；学习 Python 很有意思 '
print('原字符串: ',str11)
str12 = str11.replace('Python','Java')
print('将 Python 替换为 Java: ',str12)
```

笔记

```
print(str12)
# 使用 ";" 符号分隔字符串，得到一个列表
str13 = str11.split(';')
print('使用分号对字符串进行分隔: ',str13)
for i in str13:
    print(i)
print('-------------- 分隔线 ----------------')
str21 = 'helloWorld'
print('原字符串: ',str21)
print('全大写: ',str21.upper())
print('全小写: ',str21.lower())
print('首字母大写: ',str21.title())
print('翻转大小写: ',str21.swapcase())
print('-------------- 分隔线 ----------------')
str31 = '    燕草如碧丝 秦桑低绿枝    '
print('原字符串: ',str31)
print('去除开头空格: ',str31.lstrip())
print('去除结尾空格: ',str31.rstrip())
print('去除开头、结尾空格: ',str31.strip())
# 使用 join() 函数去除所有空格
print('去除所有空格: ',''.join(str31.split()))
print('-------------- 分隔线 ----------------')
str41 = 'Python,Java'
print(str41.endswith('Java'))
print(str41.startswith('Python'))
```

【代码 2-5】的运行结果如图 2-13 所示。

图 2-13 常用字符串函数的应用示例——运行结果

2.2.3　布尔类型

布尔类型主要用于表示真值和假值。在 Python 中，布尔值使用常量 True 和 False 表示。使用比较运算符返回的值就是布尔值。

在 Python 中，布尔类型是整数类型的子类，True 可以表示 1，False 可以表示 0，如图 2-14 所示。

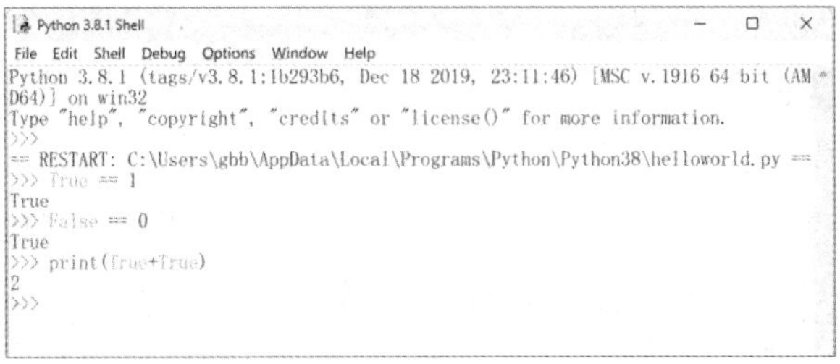

图 2-14　布尔类型

在 Python 中，可以对所有的对象进行真值测试，大部分结果都为真，结果为假的几种情况如下。

- False 或 None。
- 数字中的 0。
- 空序列（序列包括字符串、元组、字典、列表、集合，将在 2.3 节中详细介绍）。

2.2.4　小结回顾

【知识小结】

1．Python 中的基本数据类型包括数字类型、字符串类型和布尔类型。

2．数字类型主要用于存储数值。Python 中的数字类型包括整数类型（int）、浮点数类型（float）和复数类型（complex）。

3．字符串类型是用于表示文本的数据类型。字符串可以由数字、字母、下画线组成。在 Python 中，用英文引号标识的一串字符就是字符串。

4．Python 中的字符串支持转义字符，即使用反斜杠"\"对一些特殊字符进行转义。

5．字符串的基本操作包括连接字符串、访问字符串中的字符、截取字符串中的一部分、判断字符串中是否包含指定字符等。

6．格式化字符串是指先制定一个模板，在这个模板上预留几个空位，再根据需要填写相应的内容。

7．在 Python 中，格式化字符串的方式有 3 种，分别是使用 "%" 操作符、使用 format() 函数和使用 f-string 方法。

8．布尔类型主要用于表示真值和假值。在 Python 中，布尔值使用常量 True 和 False 表示。使用比较运算符返回的值就是布尔值。

【知识足迹】

2.3　Python 中的高级数据类型

前面介绍了数字类型（整数类型、浮点数类型、复数类型）、字符串类型、布尔类型，它们都是基本数据类型。本节主要介绍列表、元组、字典、集合，它们都是常用的高级数据类型。列表、元组、字典、集合，以及之前介绍的字符串都属于序列。序列是指一块可以存储多个值的连续内存空间，这些值按一定的顺序排列，所以每个值都有一个对应的位置编号，即索引，如图 2-15 所示。

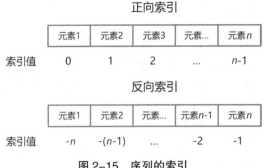

图 2-15　序列的索引

2.3.1　列表

列表是 Python 中使用非常频繁的数据类型。列表中的所有元素都放在一对英文中括号 "[]" 中，相邻的两个元素之间使用英文逗号 "," 分隔。

1. 列表的特点

列表非常灵活，其特点如下。

- 列表是任意对象的有序序列，属于可变序列。
- 列表中的元素可以是数字、字符串、元组等，其数据类型可以是 Python 支持的任意数据类型。
- 在同一个列表中，元素的数据类型可以不同。

2. 列表的创建与删除

可以使用最基本的 "[]" 形式创建列表，也可以使用 list() 函数创建列表。使用 del 语句可以删除列表。列表的创建与删除示例如【代码 2-6】所示。

【代码 2-6】列表的创建与删除示例

```python
# 1- 创建列表
# 使用 "[]" 形式创建列表
# 存储字符串
list_name = ['张三','李四','王五','赵六']
# 存储数字
list_age = [23,20,25,28]
# 存储列表
list_score = ['张三','语文','数学','英语',[89,78,92]]
print(list_name)
print(list_age)
print(list_score)
# 使用 list() 函数创建列表
# range() 函数是 Python 的内置函数，返回的是一个可迭代对象
# range() 函数的参数分别表示起始值、终止值和步长
list_score2 = list(range(60,100,10))
print(list_score2)
# 2- 删除列表
del list_score
# 在删除某个列表后，再输出该列表会报错
print(list_score)
```

【代码 2-6】的运行结果如图 2-16 所示。

笔记

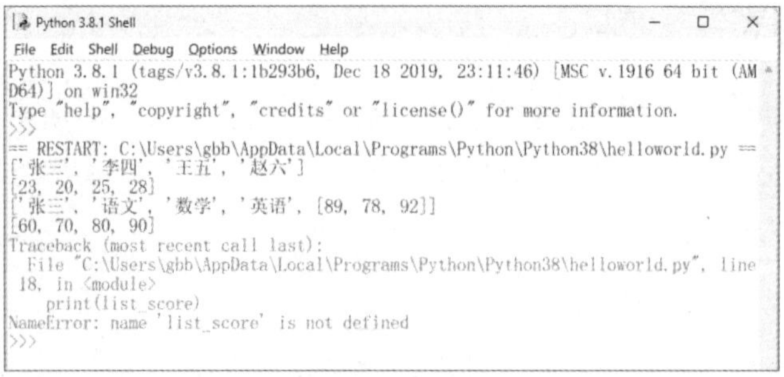

```
Python 3.8.1 (tags/v3.8.1:1b293b6, Dec 18 2019, 23:11:46) [MSC v.1916 64 bit (AMD64)] on win32
Type "help", "copyright", "credits" or "license()" for more information.
>>>
== RESTART: C:\Users\gbb\AppData\Local\Programs\Python\Python38\helloworld.py ==
['张三', '李四', '王五', '赵六']
[23, 20, 25, 28]
['张三', '语文', '数学', '英语', [89, 78, 92]]
[60, 70, 80, 90]
Traceback (most recent call last):
  File "C:\Users\gbb\AppData\Local\Programs\Python\Python38\helloworld.py", line 18, in <module>
    print(list_score)
NameError: name 'list_score' is not defined
>>>
```

图 2-16　列表的创建与删除示例——运行结果

【代码 2-6】中使用的 range() 函数是 Python 内置的函数，返回的是一个可迭代对象，其语法格式如下：

```
range(start,end,step)
```

range() 函数的参数及说明如表 2-15 所示。

表 2-15　range() 函数的参数及说明

参数	说明
start	【可选参数】用于指定计数的起始值，默认值为 0。当 range() 函数中有两个参数时，这两个参数分别为 start 和 end
end	用于指定计数的终止值，但不包括该值。当 range() 函数中只有一个参数时，该参数为 end
step	【可选参数】用于指定步长，即两个参数之间的间隔，默认值为 1

【温馨提示】

虽然列表中可以存储不同数据类型的数据，但在实际的程序开发过程中，为了提高程序的可读性，通常在一个列表中只存储一种数据类型的数据。

3. 列表的常用操作与函数

列表是序列的一种，所以列表可以使用序列的常用操作与函数。序列的常用操作与函数如表 2-16 所示。

表 2-16　序列的常用操作与函数

分类	操作与函数	说明
操作	[]	通过索引访问序列中的元素
	[start:end:step]	使用切片访问序列中指定范围内的元素，可以指定开始位置（默认包含）、结束位置（默认不包含）和步长（默认值为 1）
	+	序列相加或连接（相同数据类型）
	*	重复输出序列
	in，not in	使用成员运算符判断某个元素是否在序列中

续表

分类	操作与函数	说明
内置函数	len()	计算序列的长度，返回序列中包含的元素个数
	max()	返回序列中的最大元素
	min()	返回序列中的最小元素
	sum()	计算序列中所有元素的和
	list()	将除列表外的其他序列转换为列表
	str()	将除字符串外的其他序列转换为字符串
	sorted()	对序列中的元素进行排序（根据 ASCII 码）
	reversed()	反向排列序列中的元素

序列的常用操作与函数的应用示例如【代码 2-7】所示。

【代码 2-7】序列的常用操作与函数的应用示例

```
# 创建列表
program = ['Java','Python','C']
student_name = ['张三','李四','王五','赵六']
java_score = [56,89,68,76]
python_score = [69,72,95,88]
c_score = [92,69,81,77]
student_name2 = ['孙七','周八']
java_score2 = [95,78]
python_score2 = [81,95]
c_score2 = [69,88]
# 连接列表
student_total = student_name+student_name2
java_total = java_score+java_score2
python_total = python_score+python_score2
c_total = c_score+c_score2
template = '姓名：{:<6s}\t Java 成绩：{:2d}\t Python 成绩：{:2d}\t C
成绩：{:2d}\t'
# 使用正向索引访问列表中的元素
print(template.format(student_total[0],java_total[0],python_
total[0],c_total[0]))
print(template.format(student_total[1],java_total[1],python_
total[1],c_total[1]))
print(template.format(student_total[2],java_total[2],python_
total[2],c_total[2]))
# 使用反向索引访问列表中的元素
print(template.format(student_total[-3],java_total[-3],python_
total[-3],c_total[-3]))
print(template.format(student_total[-2],java_total[-2],python_
```

笔记

```
total[-2],c_total[-2]))
print(template.format(student_total[-1],java_total[-1],python_
total[-1],c_total[-1]))
# 使用切片访问列表中指定范围内的元素
print(student_total[1:4])
print(java_total[1:4])
print(python_total[1:4])
print(c_total[1:4])
# 使用成员运算符判断某个元素是否在列表中
print(' 该班级中是否有赵六同学 :',(' 赵六 ' in student_total))
# 常用函数应用
print(' 该班级共有同学 ',len(student total),' 位 ')
print('Java 最高成绩为: ',max(java_total))
print('Python 最低成绩为: ',min(python_total))
print('C 的所有同学成绩之和为: ',sum(c_total))
print('Java 成绩从低到高排序为 :\t',sorted(java_total))
'''
sorted() 函数默认采用升序排序，如果要采用降序排序，则可以将 reverse 参数的
值设置为 True。关于 sorted() 函数参数的相关用法，读者可以自行查阅相关资料。
'''
print('Java 成绩从高到低排序为 :\t',sorted(java_total,reverse=True))
```

【代码 2-7】的运行结果如图 2-17 所示。

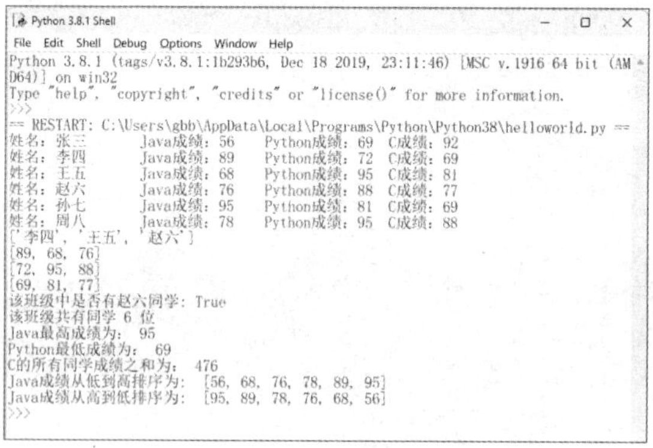

图 2-17　序列的常用操作与函数的应用示例——运行结果

此外，还有一些列表的常用方法，如表 2-17 所示。

表 2-17　列表的常用方法

方法	说明	示例
append()	在列表的末尾添加元素	list1.append(' 张三 ')

续表

笔记

方法	说明	示例
extend()	扩展列表，在列表末尾一次性追加另一个列表中的多个元素	list1.extend(list2)
insert()	在列表中插入元素	list1.insert(2,' 王五 ')
remove()	删除列表中的某个元素	list1.remove(' 张三 ')
pop()	移除列表中的一个元素（默认移除最后一个元素），并且返回该元素的值	list1.pop()
copy()	复制列表	list1.copy()
count()	统计指定元素在列表中出现的次数	list1.count(' 张三 ')
reverse()	反向列表中的元素	list1.reverse()
index()	找出某个值在列表中的第一个匹配项的索引值	list1.index(' 赵六 ')
sort()	对原列表中的元素进行排序（根据 ASCII 码）	list1.sort()

列表的应用示例如【代码 2-8】所示。

【代码 2-8】列表的应用示例

```python
poet_name = [' 李白 ',' 杜甫 ',' 白居易 ',' 王维 ']
# 在列表中插入元素
poet_name.insert(3,' 王昌龄 ')
poet_name2 = [' 王勃 ',' 杨炯 ',' 卢照邻 ',' 骆宾王 ']
poet_name.extend(poet_name2)
poet_name.append(' 孟浩然 ')
print(' 唐代诗人: ',poet_name)
# 修改列表中的元素
poet_name[-1] = ' 刘禹锡 '
# 复制列表
poet_name_copy = poet_name.copy()
# 删除列表中的元素
poet_name_copy.pop()
poet_name_copy.remove(' 李白 ')
del poet_name_copy[:4]
print(' 初唐四杰: ',poet_name_copy)
# 反向列表中的元素
poet_name_copy.reverse()
print(' 初唐四杰（反向）: ',poet_name_copy)
# 对原列表中的元素进行排序
poet_name.sort()
print(' 按名字排序（根据 ASCII 码）',poet_name)
# 统计指定元素在列表中出现的次数
```

笔记

```
poet_name_new = poet_name+poet_name_copy
print('统计 骆宾王 出现的次数: ',poet_name_new.count('骆宾王'))
```

【代码 2-8】的运行结果如图 2-18 所示。

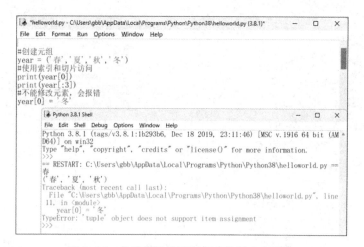

图 2-18　列表的应用示例——运行结果

2.3.2　元组

元组是与列表相似的数据类型，不同之处在于元组不能修改。元组中的所有元素都放在一对英文小括号"()"中，相邻的两个元素之间使用英文逗号","分隔。

1. 元组的使用

因为元组是不可变序列，所以在序列的通用操作与函数中，关于修改元素的操作与函数，元组都不支持。例如，使用索引修改元组中的元素会报错，如图 2-19 所示。

```
#创建元组
year = ('春','夏','秋','冬')
#使用索引和切片访问
print(year[0])
print(year[:3])
#不能修改元素，会报错
year[0] = '冬'
```

```
Python 3.8.1 (tags/v3.8.1:1b293b6, Dec 18 2019, 23:11:46) [MSC v.1916 64 bit (AM
D64)] on win32
Type "help", "copyright", "credits" or "license()" for more information.
>>>
== RESTART: C:\Users\gbb\AppData\Local\Programs\Python\Python38\helloworld.py ==
春
('春', '夏', '秋')
Traceback (most recent call last):
  File "C:\Users\gbb\AppData\Local\Programs\Python\Python38\helloworld.py", line
11, in <module>
    year[0] = '冬'
TypeError: 'tuple' object does not support item assignment
>>>
```

图 2-19　使用索引修改元组中的元素会报错

对于列表中关于添加、删除元素的方法，元组也不支持。元组只支持 count() 方法和 index() 方法，如图 2-20 所示。

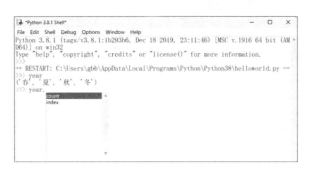

笔记

图 2-20　元组支持的列表方法

元组的应用示例如【代码 2-9】所示。

【代码 2-9】元组的应用示例

```
# 创建元组
martial_arts_writer = ('金庸','古龙','黄易','梁羽生','温瑞安')
print('中国武侠小说大家: ',martial_arts_writer)
# 使用切片访问元组中的元素
print('中国武侠小说作家Top3: ',martial_arts_writer[:3])
# 使用成员运算符判断某个元素是否在元组中
print('"梁羽生"是中国武侠小说大家吗? ','梁羽生' in martial_arts_
writer)
# 获得指定值的第一个匹配项的索引位置
print('"古龙"在中国武侠小说作家中排行: ',martial_arts_writer.index('古
龙')+1)
# 元组中的元素不能修改, 但是可以重新对元组进行赋值
martial_arts_writer = ('金庸','古龙','黄易','梁羽生','温瑞安','萧
鼎','树下野狐')
print('中国武侠小说作家: ',martial_arts_writer)
```

【代码 2-9】的运行结果如图 2-21 所示。

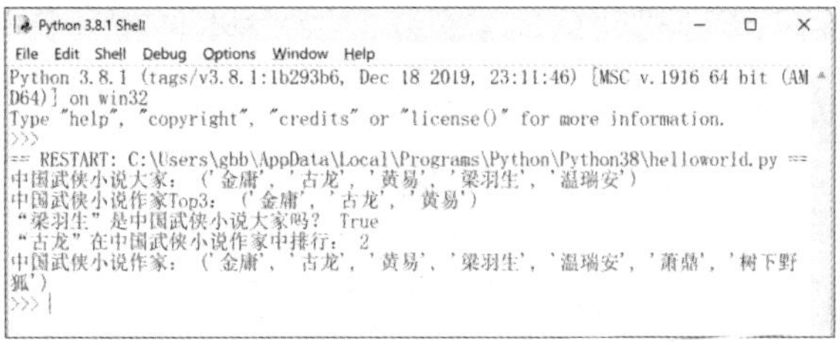

图 2-21　元组的应用示例——运行结果

2. 元组与列表之间的区别

元组与列表类似, 它们之间的主要区别如下。

笔记

- 列表使用英文中括号 "[]" 创建，元组使用英文小括号 "()" 创建。
- 列表是可变序列，元组是不可变序列。
- 列表可以使用索引和切片访问和修改元素；元组可以使用索引和切片访问元素，但不支持修改元素。
- 列表可以使用 append()、insert()、remove() 等方法添加、删除元素，而元组中没有这些方法。
- 元组比列表的访问和处理速度快，所以可以使用元组存储程序中不会修改的内容。

2.3.3　字典

字典也是 Python 中使用非常频繁的高级数据类型，与列表类似，不同的是，字典是无序的可变序列。字典中的所有元素都放在一对英文大括号 "{}" 中，相邻的两个元素之间使用英文逗号 "," 分隔。字典中的元素类型是 "键（key）值（value）对"，每个键和值之间都用英文冒号 ":" 分隔，通过键可以快速找到值。

1. 字典的创建

可以使用基本的 "{}" 形式创建字典，也可以使用 dict() 函数创建字典，示例如【代码 2-10】所示。

【代码 2-10】字典的创建示例

```
# 使用 "{}" 形式创建字典
score_zs = {' 语文 ':89,' 数学 ':96,' 英语 ':80}
print(' 张三的期末考试成绩 ',score_zs)
course = (' 语文 ',' 数学 ',' 英语 ')
score = [72,76,98]
score_ls = {course:score}
print(' 李四的期末考试成绩 ',score_ls)
# 使用 dict() 函数创建字典
# zip() 函数主要用于将多个列表或元组对应位置的元素组合成一种特殊的数据形式
# 将该数据形式作为 dict() 函数的参数，即可创建新的字典
# 关于 zip() 函数的更多使用细节，读者可以自行查阅相关资料
score2 = [85,72,79]
score_ww = dict(zip(course,score2))
print(' 王五的期末考试成绩 ',score_ww)
# 使用 fromkeys() 方法可以将指定的多个 key 创建为字典（不常用）
```

```
# 这些键对应的值默认都是 None，也可以额外传入一个参数作为默认的值
score_zl = dict.fromkeys(course,92)
print(' 赵六的期末考试成绩 ',score_zl)
```

【代码 2-10】的运行结果如图 2-22 所示。

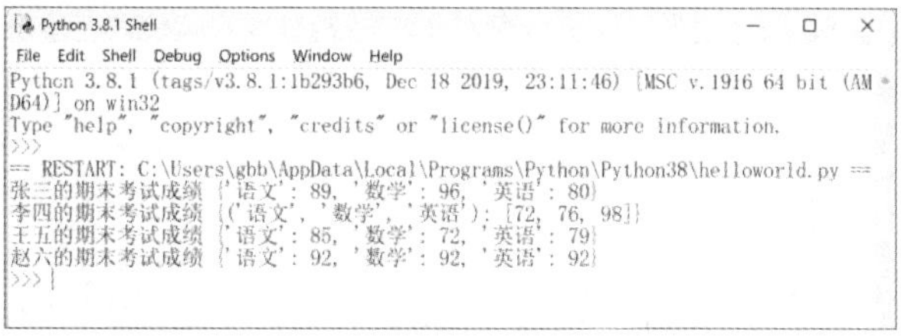

笔记

图 2-22　字典的创建示例——运行结果

2. 字典的常用方法

字典的常用方法如表 2-18 所示。

表 2-18　字典的常用方法

方法	说明	示例
clear()	清空字典中的所有元素	dict1.clear()
copy()	复制字典，返回一个字典的浅复制	dict1.copy()
get()	根据字典中的键获取值	dict1.get(' 语文 ')
items()	以列表的形式返回可遍历的元组数组	dict1.items()
keys()	以列表的形式返回字典中的所有键	dict1.keys()
values()	以列表的形式返回字典中的所有值	dict1.values()
pop()	删除字典中的指定键对应的值，返回值为被删除的值；键必须给出，否则返回默认值	dict1.pop(' 语文 ')
popitem()	返回并删除字典中底层存储的最后一个键值对	dict1.popitem()
update()	更新字典，如果被更新的字典中已包含对应的键值对，那么原值会被覆盖；如果被更新的字典中不包含对应的键值对，那么该键值对会被添加进去	dict1.update({' 语文 ':89, ' 数学 ':96,' 英语 ':80})

字典的应用示例如【代码 2-11】所示。

【代码 2-11】字典的应用示例

```
# 创建字典
student_zs = {'name':' 张三 ','sex':' 男 ','score':{' 语文 ':92,' 数学 ':
96,' 英语 ':83}}
student_ls = {'name':' 李四 ','sex':' 男 ','score':{' 语文 ':79,' 数学 ':
83,' 英语 ':81}}
# 使用 get() 方法获取值
print(' 张三的考试成绩为： ',student_zs.get('score'))
```

笔记

```
print(' 李四的考试成绩为: ',student_ls.get('score'))
# 复制字典
student_zs2 = student_zs.copy()
# 返回可遍历的元组数组
print(student_zs2.items())
# 返回字典中的所有键
print(student_zs2.keys())
# 返回字典中的所有值
print(student_zs2.values())
# 删除字典中的指定键对应的值
student_zs2.pop('sex')
# 返回并删除字典中底层存储的最后一个键值对
student_zs2.popitem()
print(student_zs2)
# 更新字典
student_zs2.update({'name':' 张三三 ','sex':' 女 ','score':{' 语文 ':
88,' 数学 ':83,' 英语 ':79}})
print(' 张三三的考试成绩为: ',student_zs2.get('score'))
```

【代码 2-11】的运行结果如图 2-23 所示。

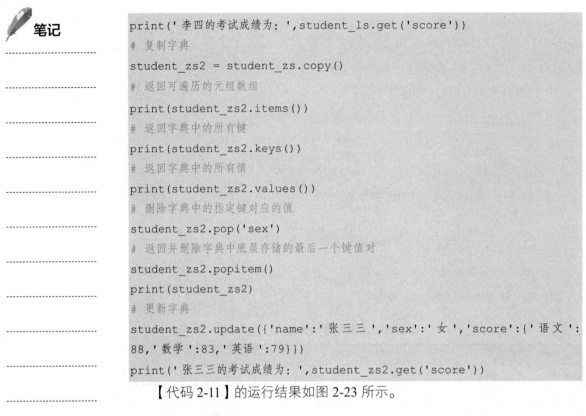

图 2-23　字典的应用示例——运行结果

2.3.4　集合

集合主要用于表示不重复的元素，它是无序的可变序列。在 Python 中，集合中的所有元素都放在一对英文大括号"{}"中，相邻的两个元素之间使用英文逗号","分隔。

1. 集合的创建

集合的创建方式有两种，一种是直接使用英文大括号"{}"创建，另一种是使用 set() 函数创建（set() 函数可以将字符串、列表等转换为集合），示例如【代码 2-12】所示。

【代码 2-12】集合的创建示例

```
# 使用英文大括号 "{}" 创建集合
set1 = {'狮子','老虎','长颈鹿'}
print('直接创建集合: ',set1)
# 使用 set() 函数——创建空集合
set2 = set()
print('创建空集合: ',set2)
# 使用 set() 函数——将字符串转换为集合
set3 = set('一花一世界')
print('字符串转换集合: ',set3)
# 使用 set() 函数——将列表转换为集合
set4 = set(['花','草','树'])
print('列表转换集合: ',set4)
```

【代码 2-12】的运行结果如图 2-24 所示。

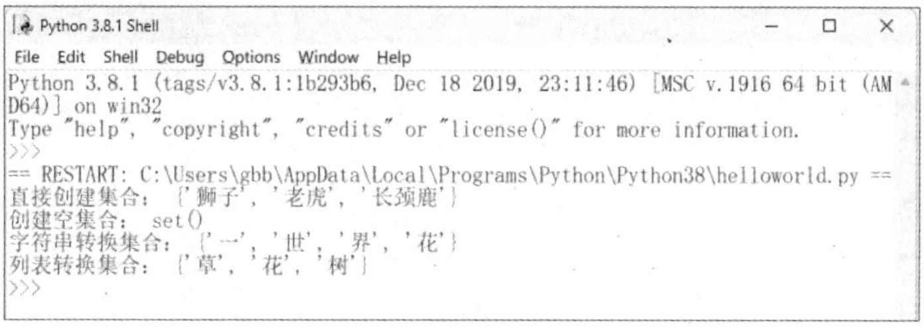

图 2-24　集合的创建示例——运行结果

根据图 2-24 中的运行结果可知，集合是无序的。在创建集合时，如果有重复元素，那么只保留一个元素。需要注意的是，如果要创建空集合，那么只能使用 set() 函数创建，因为使用英文大括号 "{}" 创建的是空字典。

2. 集合的常用方法

集合的常用方法如表 2-19 所示。

表 2-19　集合的常用方法

方法	说明	示例
add()	向集合中添加元素，如果元素已经存在，则不进行任何操作	set1.add('红山茶')
copy()	复制集合	set1.copy()
clear()	移除集合中的所有元素，即清空集合	set1.clear()
pop()	随机移除集合中的某个元素	set1.pop()

笔记

方法	说明	示例
remove()	移除集合中的指定元素，如果元素不存在，则会报错	set1.remove(' 郁金香 ')
discard()	移除集合中的指定元素，即使元素不存在，也不会报错	set1.discard(' 郁金香 ')
update()	更新集合中的元素，参数可以是列表、元组、字典等	set1.update([' 观 音 竹 ',' 合欢树 '])

集合的应用示例如【代码 2-13】所示。

【代码 2-13】集合的应用示例

```
# 创建集合
flower = {' 红玫瑰 ',' 康乃馨 ',' 水仙花 ',' 郁金香 '}
print(' 原集合: ',flower)
# 向集合中添加元素
flower.add(' 红山茶 ')
print(' 增加一个元素: ',flower)
# 复制集合
flower_copy = flower.copy()
# 随机移除集合中的某个元素
print(' 随机移除一个元素 ',flower_copy.pop())
# 移除集合中的指定元素
flower_copy.remove(' 郁金香 ')
print(' 删除元素后的集合: ',flower_copy)
# 更新集合中的元素
flower_copy.update([' 观音竹 ',' 合欢树 ',' 罗汉松 ',' 黑胡桃 '])
print(' 更新元素后的集合: ',flower_copy)
# 清空集合
flower_copy.clear()
print(' 清空元素后的集合: ',flower_copy)
```

【代码 2-13】的运行结果如图 2-25 所示。

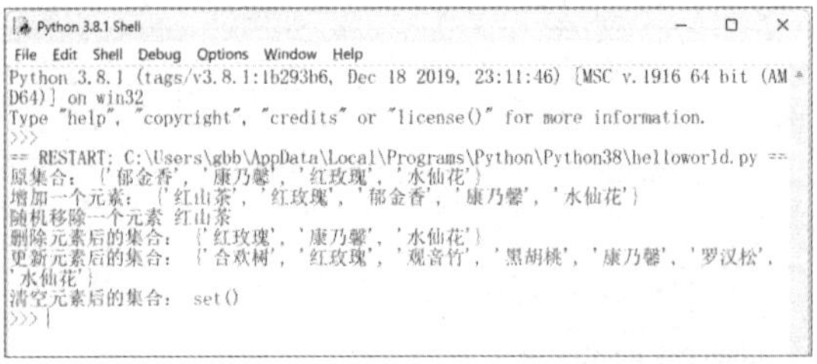

图 2-25 集合的应用示例——运行结果

3. 集合的运算

集合可以进行交集、并集、差集运算，这是集合与列表、元素、字典的最大区别。集合运算的相关方法如表 2-20 所示。

表 2-20　集合运算的相关方法

运算	方法实现
交集	使用符号"&"或 intersection() 函数进行交集运算
并集	使用符号"|"或 union() 函数进行并集运算
差集	使用符号"-"或 difference() 函数进行差集运算

集合的运算示例如【代码 2-14】所示。

【代码 2-14】集合的运算示例

```
# 创建集合
flower1 = {'红玫瑰','康乃馨','水仙花','郁金香'}
flower2 = {'雏菊','紫丁香','红玫瑰','金缕梅'}
print('集合1: ',flower1)
print('集合2',flower2)
# 交集
print('---------- 交集 ----------')
print(flower1 & flower2)
print(flower1.intersection(flower2))
# 并集
print('---------- 并集 ----------')
print(flower1 | flower2)
print(flower1.union(flower2))
# 差集
print('---------- 差集 ----------')
print(flower1 - flower2)
print(flower1.difference(flower2))
```

【代码 2-14】的运行结果如图 2-26 所示。

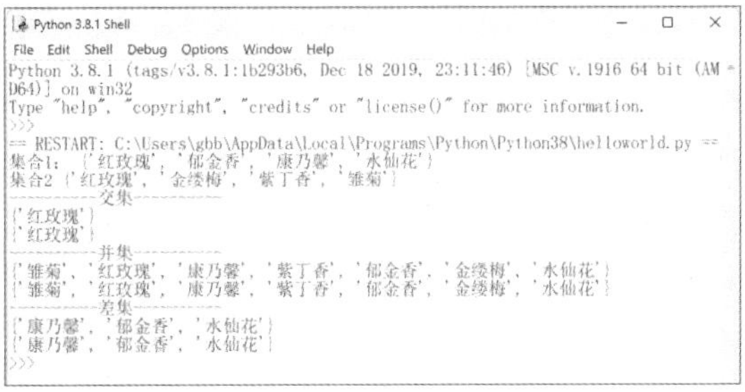

图 2-26　集合的运算示例——运行结果

4. 列表、元组、字典、集合总结

列表、元组、字典、集合都属于序列，它们之间有很多相似之处，也有很多区别，总结如表 2-21 所示。

表 2-21　列表、元组、字典、集合总结

数据类型	定义	说明
列表	使用英文中括号"[]"表示	有序、可变，属于可重复序列，较灵活，序列的功能都能实现
元组	使用英文小括号"()"表示	有序、不可变，属于可重复序列，不支持修改操作，比列表的操作速度快，可以作为字典的键使用
字典	使用英文大括号"{key:value}"表示	无序、可变，属于可重复序列，查找速度快；字典存储的是对象引用，它的键是不能改变的，所以列表不能作为字典的键
集合	使用英文大括号"{}"表示	无序、可变，属于不可重复序列，可以进行交集、并集、差集运算

2.3.5　数据类型转换

Python 是动态类型的编程语言，又称为弱类型编程语言，它不需要像 Java、C 语言一样，在使用变量前先声明变量的数据类型，但有时需要进行数据类型转换。Python 中常用的数据类型转换函数如表 2-22 所示。

表 2-22　Python 中常用的数据类型转换函数

函数	说明
int(a)	将 a 转换为整数
float(a)	将 a 转换为浮点数
str(a)	将 a 转换为字符串
bin(a)	将整数 a 转换为二进制字符串
bool([a])	将 a 转换为布尔值
repr(a)	将 a 转换为表达式字符串
eval(str)	计算字符串中的有效 Python 表达式，并且返回一个对象
chr(a)	将整数 a 转换为字符
unichr(a)	将整数 a 转换为 Unicode 字符
ord(a)	将字符 a 转换为相应的整数值
oct(a)	将整数 a 转换为八进制字符串
hex(a)	将整数 a 转换为十六进制字符串
list(s)	将序列 s 转换为列表
tuple(s)	将序列 s 转换为元组
dict(d)	创建一个字典，d 必须是元素为键值对的序列或使用 zip() 函数生成的数据

数据类型转换函数的应用示例如【代码 2-15】所示。

笔记

【代码 2-15】数据类型转换函数的应用示例

```
fruit = ['apple','banana','pear']
price = [11.99,7.8,10.56]
# 创建字典
fruit_price = dict(zip(fruit,price))
# 将水果质量转换为浮点数
apple_weight = float(input('请输入您购买的苹果质量（kg）: '))
banana_weight = float(input('请输入您购买的香蕉质量（kg）: '))
pear_weight = float(input('请输入您购买的梨质量（kg）: '))
# 计算水果金额
apple_money = apple_weight*fruit_price.get('apple')
banana_money = banana_weight*fruit_price.get('banana')
pear_money = pear_weight*fruit_price.get('pear')
# 计算总金额，并且抹掉零头
money_all = int(apple_money+banana_money+pear_money)
# 将水果总金额转换为字符串并输出
print('此次购买水果共花费: '+str(money_all)+' 元 ')
```

【代码 2-15】的运行结果如图 2-27 所示。

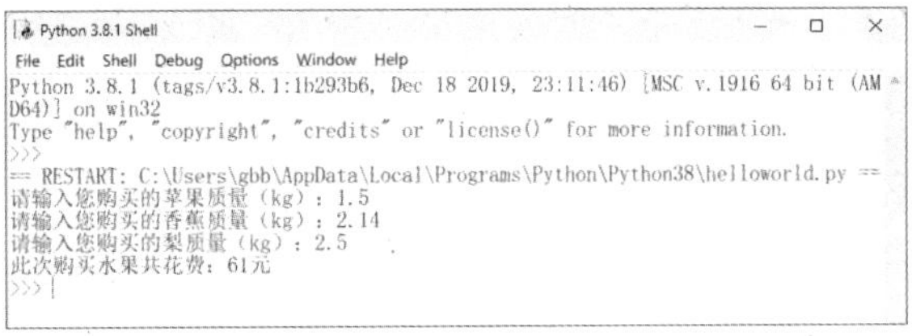

图 2-27　数据类型转换函数的应用示例——运行结果

【知识拓展】

列表、元组、字典的遍历

列表、元组、字典的遍历方式有两种，第一种是直接使用 for 循环实现，第二种是使用 for 循环和 enumerate 函数实现，示例如【代码 2-16】所示（for 循环的相关内容将在第 3 章中进行介绍）。

【代码 2-16】列表、元组、字典的遍历示例

```
# 构建数据
list1 = ['apple','banana','pear']
```

61

笔记

```
tuple1 = ('金庸','古龙','黄易','梁羽生','温瑞安')
dict1 = {'语文':89,'数学':96,'英语':80}
# 列表的遍历
# 只能获取元素的值
for item in list1:
    print(item)
# 可以获取元素的值和索引
for index,item in enumerate(list1):
    print(index+1,item)
# 元组的遍历
for item in tuple1:
    print(item)
for index,item in enumerate(tuple1):
    print(index+1,item)
# 字典的遍历
for item in dict1.items():
    print(item[0],item[1])
for key,value in dict1.items():
    print(key,value)
```

2.3.6　案例 2：健身培训班学员的成绩统计

【案例描述】

某健身培训班的学员分为 3 组，分别为 A 组、B 组、C 组，每组都有 5 名学员。

- A 组成员包括赵钱、孙李、周吴、郑王、冯陈，成绩分别为 79、68、77、86、92。

- B 组成员包括褚卫、蒋沈、韩杨、朱秦、尤许，成绩分别为 81、83、62、76、82。

- C 组成员包括何吕、施张、孔曹、严华、金魏，成绩分别为 96、73、76、81、82。

【案例要求】

- 分别输出 A 组、B 组、C 组学员的总分数、平均分数、最高分和最低分。

- 分别输出 A 组、B 组、C 组学员的成绩单。

● 统计该健身培训班中学员的总成绩，并且按照分数从高到低的顺序输出成绩单。

【实现思路】

（1）使用 format() 函数格式化字符串，然后输出分数和成绩单。

（2）使用字典存储学员的姓名和成绩。

（3）使用 for 循环进行遍历。

（4）使用 sorted() 函数进行排序。

【案例代码】

扫描右侧的二维码，可以查阅本案例的代码。

【运行结果】

本案例代码的运行结果如图 2-28 所示。

图 2-28　健身培训班学员的成绩统计——运行结果

笔记

2.3.7　小结回顾

【知识小结】

1．序列是指一块可以存储多个值的连续内存空间，这些值按一定的顺序排列，所以每个值都有一个对应的位置编号，即索引。

2．列表是 Python 中使用非常频繁的数据类型。列表中的所有元素都放在一对英文中括号"[]"中，相邻的两个元素之间使用英文逗号","分隔。

3．列表是有序的可变序列，非常灵活，序列的功能它都能实现。

4．元组中的所有元素都放在一对英文小括号"()"中，相邻的两个元素之间使用英文逗号","分隔。

5．元组是有序的不可变序列，不支持修改操作，比列表的操作速度快，可以作为字典的键使用。

6．字典中的所有元素都放在一对英文大括号"{}"中，相邻的两个元素之间使用英文逗号","分隔，字典中的元素类型是"键（key）值（value）对"，每个键和值之间都用英文冒号":"分隔，通过键可以快速找到值。

7．字典是无序的可变序列，查找速度快。字典的键是不能变的，所以列表不能作为字典的键。

【知识足迹】

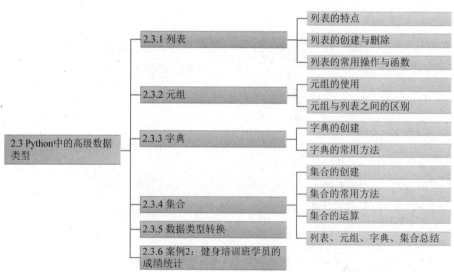

2.4　本章回顾

笔记

 【本章小结】

　　本章共分为 3 部分，第一部分主要介绍 Python 的基础语法，包括 Python 的语法特点（如代码缩进、注释、标识符与关键字、命名规范、编码规范、基本的输入函数和输出函数）和 Python 中的运算符（如算术运算符、赋值运算符、比较运算符、逻辑运算符、其他运算符、运算符的优先级）；第二部分主要介绍 Python 中的基本数据类型，包括数字类型、字符串类型和布尔类型的相关知识和基本应用；第三部分主要介绍 Python 中的高级数据类型，首先介绍列表、元组、字典、集合的相关知识和基本应用，然后介绍数据类型转换，最后使用"健身培训班学员的成绩统计"案例演示高级数据类型的应用。

【综合练习】

1. 关于 Python 的语法特点，以下描述错误的是（　　　）。

　　A．Python 使用英文大括号"{}"分隔代码块

　　B．Python 注释分为单行注释和多行注释

　　C．在 Python 中，模块名不宜过长，全部使用小写字母

　　D．在 Python 中，常量、全局变量全部使用大写字母

2. 关于 PEP8 编码规范，以下描述错误的是（　　　）。

　　A．PEP 是 Python Enhancement Proposal（Python 增强提案）的缩写，8 是版本号

　　B．不要在行尾添加英文分号"；"，也不要用英文分号将两条命令放在同一行中

　　C．在 if 语句、for 语句、while 语句中，不用另起一行

　　D．注释块通常放在代码前，并且和这些代码有同样的缩进

3. Python 中的数字类型不包括（　　　）。

　　A．整数　　　　　　　　　　　　B．字符串

　　C．浮点数　　　　　　　　　　　D．复数

4. 关于字符串，以下描述错误的是（　　　）。

　　A．字符串是用于表示文本的数据类型，可以由数字、字母、下画线组成

　　B．可以使用加号"+"连接字符串

　　C．字符串中的 title() 方法主要用于将所有的字母转换为大写字母

　　D．格式化字符串是指先制定一个模板，在这个模板上预留几个空位，再根据需要填上相应的内容

5. 以下不属于序列的是（　　　）。

　　A．元组　　　　　　　　　　　B．字符串

　　C．字典　　　　　　　　　　　D．复数

6. 字典的表示形式是（　　　）。

　　A．[]　　　　　　　　　　　　B．{}

　　C．()　　　　　　　　　　　　D．<>

7. 列表的表示形式是（　　　）。

　　A．[]　　　　　　　　　　　　B．{}

　　C．()　　　　　　　　　　　　D．<>

8. 关于列表，以下描述错误的是（　　　）。

　　A．列表中的元素可以是数字、字符串、元组等，其数据类型可以是 Python 支持的任意数据类型

　　B．append() 方法主要用于在列表的末尾添加元素

　　C．remove() 方法主要用于删除列表中的某个元素

　　D．列表是有序、可变、不可重复序列

9. 元组的表示形式是（　　　）。

　　A．[]　　　　　　　　　　　　B．{}

　　C．()　　　　　　　　　　　　D．<>

10. 简述列表、元组、字典、集合的区别。

第 **3** 章

流程控制

【本章概览】

在使用汉语进行写作的过程中，可以根据时间线进行顺序描述，也可以采用倒叙的方式进行描述。类似地，在使用编程语言进行程序开发的过程中，可以使用顺序结构、选择结构和循环结构。

顺序结构很简单，采用顺序结构的代码是按照从上到下的顺序执行的，前面接触的大部分代码采用的都是顺序结构。本章主要介绍选择结构和循环结构。

【知识路径】

3.1 选择结构

选择结构又称为分支结构，对应现实生活中的选择问题。例如，我们在浏览购物网站时，如果喜欢某个商品，就会将其加入购物车或直接购买，如果不喜欢某个商品，就会浏览下一个；在中午吃饭时，可以选择在家做饭，也可以选择点外卖或去外面餐厅吃。

Python 中的选择结构有 3 种，分别为单分支结构（if 语句）、双分支结构（if...else 语句）和多分支结构（if...elif...else 语句）。

3.1.1 if 语句

1. if 语句介绍

单分支结构使用 if 语句表示，其基本语法格式如下：

```
if 表达式：
    语句块
```

其中的表达式可以是布尔值、比较表达式、逻辑表达式等。如果表达式的结果为真，则执行语句块；如果表达式的结果为假，则跳过语句块，继续执行后面的语句。语句块可以由一条语句组成，也可以由多条语句组成。单分支结构的流程图如图 3-1 所示。

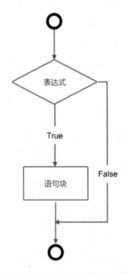

图 3-1　单分支结构的流程图

2. if 语句的应用

if 语句的应用示例如【代码 3-1】所示。

【代码 3-1】if 语句的应用示例

```
score = float(input('请输入您的语文考试成绩：'))
if(score<60):
    print('您的成绩不合格')
print('谢谢使用！')
```

【代码 3-1】的运行结果如图 3-2 所示。

请输入您的语文考试成绩：52
您的成绩不合格
谢谢使用！

请输入您的语文考试成绩：89
谢谢使用！

表达式的结果为真时输出的结果　表达式的结果为假时输出的结果

图 3-2　if 语句的应用示例——运行结果

3.1.2　if...else 语句

1. if...else 语句介绍

双分支结构使用 if...else 语句表示，其基本语法格式如下：

```
if 表达式：
    语句块 1
else:
    语句块 2
```

如果表达式的结果为真，则执行语句块 1，否则执行语句块 2。双分支
结构的流程图如图 3-3 所示。

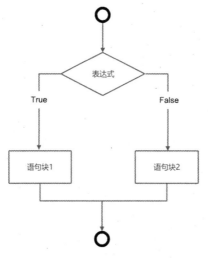

图 3-3　双分支结构的流程图

笔记

需要注意的是，else 必须和 if 搭配使用，单独使用 else 会报错，如图 3-4 所示。

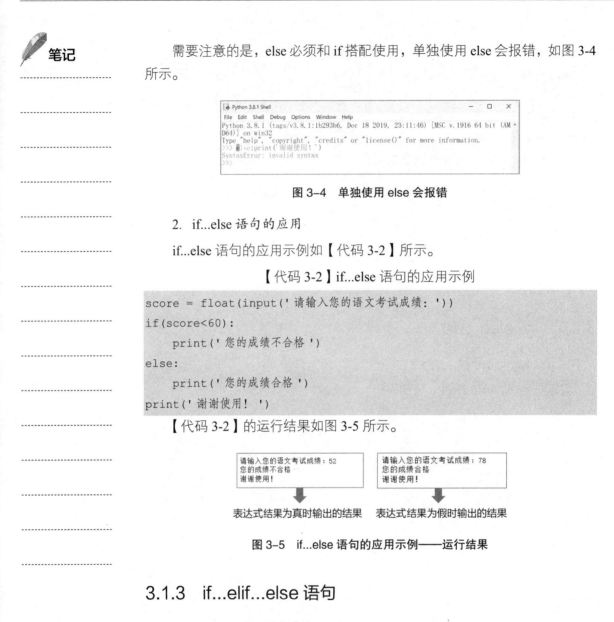

图 3-4　单独使用 else 会报错

2. if...else 语句的应用

if...else 语句的应用示例如【代码 3-2】所示。

【代码 3-2】if...else 语句的应用示例

```
score = float(input(' 请输入您的语文考试成绩：'))
if(score<60):
    print(' 您的成绩不合格 ')
else:
    print(' 您的成绩合格 ')
print(' 谢谢使用！')
```

【代码 3-2】的运行结果如图 3-5 所示。

请输入您的语文考试成绩：52
您的成绩不合格
谢谢使用！

请输入您的语文考试成绩：78
您的成绩合格
谢谢使用！

表达式结果为真时输出的结果　　表达式结果为假时输出的结果

图 3-5　if...else 语句的应用示例——运行结果

3.1.3　if...elif...else 语句

1. if...elif...else 语句介绍

多分支结构就是在双分支结构的基础上，对各种不同的情况进行进一步的区分。多分支结构使用 if...elif...else 语句表示，其基本语法格式如下：

```
if 表达式 1:
    语句块 1
elif 表达式 2:
    语句块 2
elif 表达式 3:
    语句块 3
```

```
...
else:
    语句块 n
```

如果表达式 1 的结果为真，则执行语句块 1，否则跳过语句块 1，进入 elif 语句，判断表达式 2 的结果是否为真；如果表达式 2 的结果为真，则执行语句块 2，否则跳过语句块 2，进入下一个 elif 语句，判断表达式 3 的结果是否为真；以此类推；如果所有表达式的结果均为假，则执行 else 语句中的语句块 n。如果业务不需要，则可以将 else 语句省略。多分支结构的流程图如图 3-6 所示。

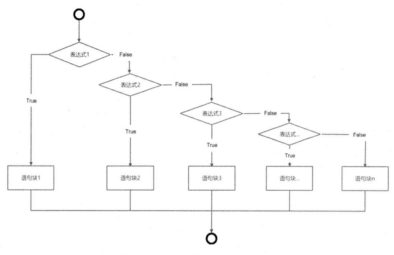

图 3-6　多分支结构的流程图

2. if...elif...else 语句的应用

接下来我们使用 if...elif...else 语句对【代码 3-2】中的情况进行进一步区分，示例如【代码 3-3】所示。

【代码 3-3】if...elif...else 语句的应用示例

```
score = float(input('请输入您的语文考试成绩：'))
if(score<0 or score>100):
    print('您输入的内容不合法')
elif(score>=90):
    print('您的成绩优秀')
elif(score>=70 and score<90):
    print('您的成绩良好')
elif(score>=60 and score<70):
    print('您的成绩及格')
```

笔记

```
else:
    print('您的成绩不及格')
print('谢谢使用！')
```

【代码 3-3】的运行结果如图 3-7 所示。

```
Python 3.8.1 Shell                                    —    □    ×
File Edit Shell Debug Options Window Help
Python 3.8.1 (tags/v3.8.1:1b293b6, Dec 18 2019, 23:11:46) [MSC v.1916 64 bit (AM
D64)] on win32
Type "help", "copyright", "credits" or "license()" for more information.
>>>
== RESTART: C:\Users\gbb\AppData\Local\Programs\Python\Python38\helloworld.py ==
请输入您的语文考试成绩: 180
您输入的内容不合法
谢谢使用！
>>>
```

图 3-7   if...elif...else 语句的应用示例——运行结果

3.1.4   选择结构的嵌套

选择结构可以嵌套使用。在程序开发过程中，可以根据需要对选择结构进行嵌套。下面使用选择结构对"案例 1：计算体脂率"中得到的结果进行判断，如【代码 3-4】所示。

【代码 3-4】选择结构的嵌套应用

```
name = input("请输入姓名：")
sex = int(input("请输入性别（男为1，女为0):"))
age = int(input("请输入年龄："))
height = float(input("请输入身高（单位：m）: "))
weight = float(input("请输入体重（单位：kg):"))
BMI = weight/(height*height)
rate = 1.2*BMI+0.23*age-5.4-10.8*sex
print('-------------------- 个人信息——{}--------------------------'.
format(name))
print(('姓名: {} \n性别: {} \n年龄: {} \n身高(m): {} \n体重(kg): {} \n'
    'BMI: {} \n体脂率: {} ').format(name,sex,age,height,weight,BM
I,rate))
# 使用选择结构的嵌套进行判断
if(sex==1):
    if(rate<15):
        print('您的体形偏瘦')
    elif(rate>=15 and rate<=18):
        print('您的体形正常')
```

```
    elif(rate>18):
        print(' 您的体形偏胖 ')
if(sex==0):
    if(rate<25):
        print(' 您的体形偏瘦 ')
    elif(25<=rate<=28):
        print(' 您的体形正常 ')
    else:
        print(' 您的体形偏胖 ')
```

【代码 3-4】的运行结果如图 3-8 所示。

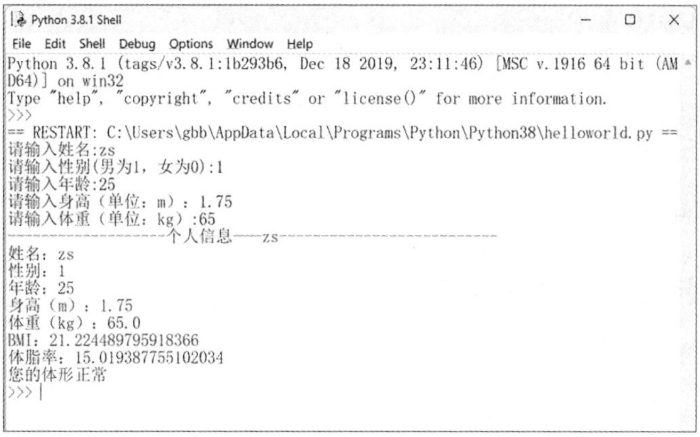

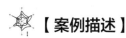

图 3-8 选择结构的嵌套应用——运行结果

3.1.5 案例 3：模拟期末考试考生进入考场前的查验流程

【案例描述】

在大学学习阶段，某门课程的期末考试采用 "*n* 页开卷" 形式考查学生的学习情况。"*n* 页开卷" 是指考生可以携带不超过 *n* 页 A4 纸大小的手抄纸质资料进入考场应考。

【案例要求】

模拟考生进入考场前的身份查验流程，只有具备以下 3 个条件，才能进入考场参加考试（在本案例中，假设 *n* = 3）。

● 学生校园卡姓名出现在考生名单中。

- 学生身份证信息与学生校园卡中的信息一致。
- 没有携带手抄纸质资料或所携带的手抄纸质资料页数不超过 3 页。

 【实现思路】

（1）判断学生校园卡姓名是否出现在考生名单中。

（2）判断学生身份证信息与学生校园卡中的信息是否一致。

（3）判断是否携带手抄纸质资料，如果携带了手抄纸质资料，那么判断手抄纸质资料的页数是否不超过 3 页。

【案例代码】

扫描左侧的二维码查阅，可以查看本案例的代码。

【运行结果】

本案例代码的运行结果如图 3-9 所示。

```
Python 3.8.1 Shell
File Edit Shell Debug Options Window Help
Python 3.8.1 (tags/v3.8.1:1b293b6, Dec 18 2019, 23:11:46) [MSC v.1916 64 bit (AM
D64)] on win32
Type "help", "copyright", "credits" or "license()" for more information.
>>>
== RESTART: C:\Users\gbb\AppData\Local\Programs\Python\Python38\helloworld.py ==
请出示学生校园卡（是或否）：是
请出示身份证件（是或否）：是
是否携带资料（是或否）：是
请输入资料页数：3
请进入考场，祝您考试顺利！
>>>
```

图 3-9　模拟期末考试考生进入考场前的查验流程——运行结果

3.1.6　小结回顾

【知识小结】

1．Python 中的选择结构有 3 种，分别为单分支结构（if 语句）、双分支结构（if...else 语句）和多分支结构（if...elif...else 语句）。

2．单分支结构使用 if 语句表示。在单分支结构中，如果表达式的结果为真，则执行语句块；如果表达式的结果为假，则跳过语句块，继续执行后面的语句。

3．双分支结构使用 if...else 语句表示。在双分支结构中，如果表达式的结果为真，则执行语句块 1，否则执行语句块 2。

4．多分支结构就是在双分支结构的基础上，对各种不同的情况进行进一步的区分。多分支结构使用 if...elif...else 语句表示。

【知识足迹】

3.2　循环结构

在日常生活中，人类、动物每天都要吃饭、睡觉，太阳每天都会东升西落。在编程语言中，类似这样，重复做同一件事情称为循环。在 Python 中，循环结构主要有两种，分别为 while 循环和 for 循环。

3.2.1　while 循环

1．while 循环介绍

while 循环又称为条件循环，它可以通过一个判断条件，控制是否需要重复执行循环体。while 循环的语法格式如下：

```
while 判断条件：
    循环体
```

循环体是指要执行的语句，可以是单条语句，也可以是多条语句。如果判断条件为真，则执行循环体，在循环体执行完毕后，重新进入 while 循环进行条件判断，以此类推，直到判断条件为假，退出 while 循环。while 循环的流程图如图 3-10 所示。

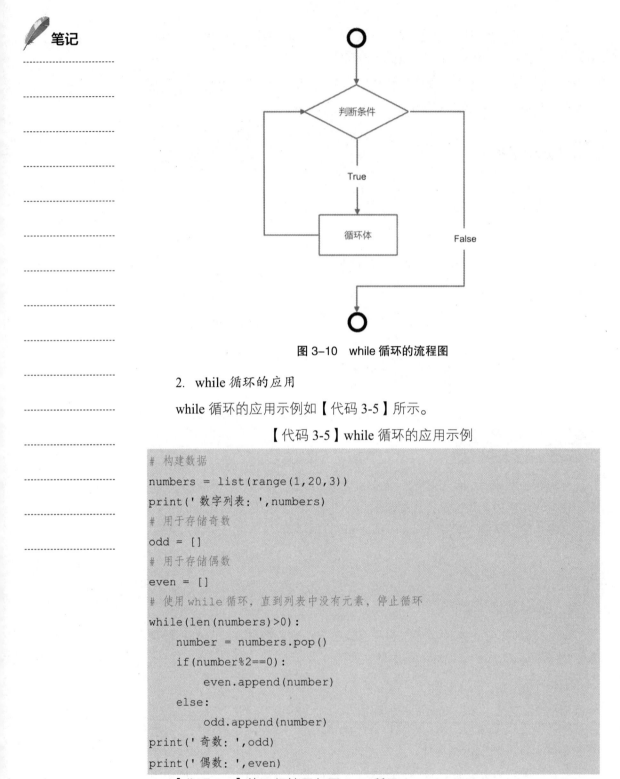

笔记

图 3-10　while 循环的流程图

2. while 循环的应用

while 循环的应用示例如【代码 3-5】所示。

【代码 3-5】while 循环的应用示例

```python
# 构建数据
numbers = list(range(1,20,3))
print('数字列表: ',numbers)
# 用于存储奇数
odd = []
# 用于存储偶数
even = []
# 使用while循环, 直到列表中没有元素, 停止循环
while(len(numbers)>0):
    number = numbers.pop()
    if(number%2==0):
        even.append(number)
    else:
        odd.append(number)
print('奇数: ',odd)
print('偶数: ',even)
```

【代码 3-5】的运行结果如图 3-11 所示。

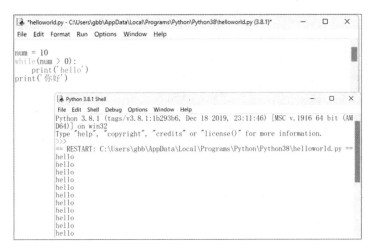

图 3-11 while 循环的应用示例——运行结果

在使用 while 循环时，如果判断条件一直为 True，那么循环会一直执行下去，也就是常说的死循环，如图 3-12 所示。

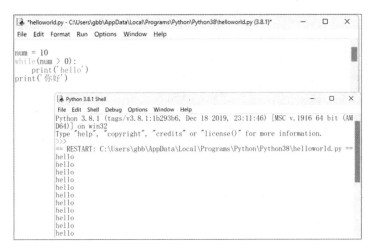

图 3-12 死循环

对于死循环，可以单击 Jupyter Notebook 上方的"中断服务"按钮，如图 3-13 所示，强制终止程序。

图 3-13 Jupyter Notebook——中断服务

3. while 循环的注意事项

在使用 while 循环时，需要注意以下几点。

● 在使用 while 循环时，为了避免出现死循环的情况，需要添加将循环的判断条件变为 False 的代码。

● 循环体既可以是单条语句，又可以是多条语句。

● 如果循环体中的语句尚未确定，则可以先使用 pass 语句占位。

3.2.2　for 循环

1. for 循环介绍

for 循环又称为计次循环、遍历循环，是重复执行一定次数的循环，主要用于进行数值循环，以及遍历字符串、列表等序列。for 循环的语法格式如下：

```
for 循环变量 in 对象:
    循环体
```

循环变量是指每次循环获得的元素，对象是指待遍历或迭代的对象，循环体是指执行的语句，可以是单条语句，也可以是多条语句。

for 循环可以从遍历对象中逐个提取元素并将其放到循环变量中，在遍历对象中的所有元素都放到循环变量中，并且执行完成循环体操作后，循环结束。for 循环的流程图如图 3-14 所示。

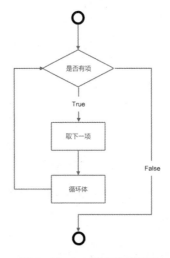

图 3-14　for 循环的流程图

2. 使用 for 循环进行数值循环

for 循环最基本的用法就是进行数值循环，通常和 range() 函数结合使用，示例如【代码 3-6】所示。

【代码 3-6】for 循环的应用示例（1）

```
sum1 = 0
sum2 = 0
sum3 = 0
# 计算 1 到 100 的和
for i in range(101):
```

```
    sum1 += i
print('1+2+3+...+100 =',sum1)
# 计算 1 到 100 的奇数和
for i in range(1,101,2):
    sum2 += i
print('1+3+5+...+99 =',sum2)
# 计算 1 到 100 的偶数和
for i in range(2,101,2):
    sum3 += i
print('2+4+6+...+100 =',sum3)
```

【代码 3-6】的运行结果如图 3-15 所示。

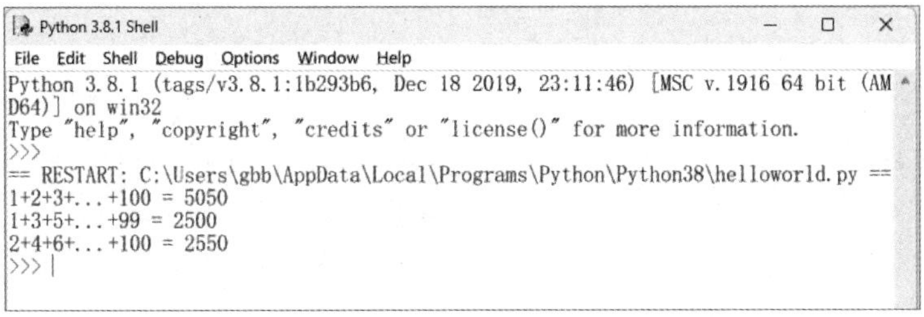

图 3-15　for 循环的应用示例（1）——运行结果

3. 使用 for 循环进行序列遍历

使用 for 循环可以对字符串、列表、元组、字典等序列进行遍历，示例如【代码 3-7】所示。

【代码 3-7】for 循环的应用示例（2）

```
# 遍历字符串
text1 = '万事皆有可能'
for i in range(len(text1)):
    print(i,text1[i])
for i in text1:
    print(i)
# 遍历列表
text2 = ['岭外音书断','经冬复历春','近乡情更怯','不敢问来人']
for i in range(len(text2)):
    print(i,text2[i])
for item in text2:
    print(item)
# 遍历元组
text3 = ('春','夏','秋','冬')
```

笔记

```python
for i in range(len(text3)):
    print(i,text3[i])
for item in text3:
    print(item)
# 遍历字典
# 使用items()方法或字典的键值对列表
text4 = {'语文':89,'数学':96,'英语':80}
for item in text4.items():
    print(item)
for key,value in text4.items():
    print(key,value)
```

【代码 3-7】的运行结果如图 3-16 所示。

图 3-16　for 循环的应用示例（2）——运行结果

通过以上应用示例可以看出，字符串、列表、元组的遍历方式基本一致，而字典因为存储的是键值对且无序，因此其遍历方式会有所不同。

4. 使用 for 循环和 enumerate() 函数遍历序列

在【代码 3-7】中，我们为了获取字符串、列表、元组的索引值，将 range() 函数和 len() 函数结合使用。此外，我们还可以借助 enumerate() 函数同时输出索引值和元素内容。

enumerate() 函数主要用于将一个可遍历的数据对象组合成一个索引序列，并且列出数据和数据下标，通常在 for 循环中使用。enumerate() 函数的语法格式如下：

```
enumerate(sequence, [start=0])
```

enumerate() 函数的参数及说明如表 3-1 所示。

表 3-1　enumerate() 函数的参数及说明

参数	说明
sequence	用于指定一个序列、迭代器或其他支持迭代的对象
start	【可选参数】用于指定下标的起始位置，默认值为 0

使用 for 循环和 enumerate() 函数进行序列遍历，示例如【代码 3-8】所示。

【代码 3-8】for 循环的应用示例（3）

```
list1 = ['向晚意不适','驱车登古原','夕阳无限好','只是近黄昏']
# 默认索引从 0 开始
for index,item in enumerate(list1):
    print(index,item)
# 指定索引从 1 开始
for index,item in enumerate(list1,start=1):
    print(index,item)
```

【代码 3-8】的运行结果如图 3-17 所示。

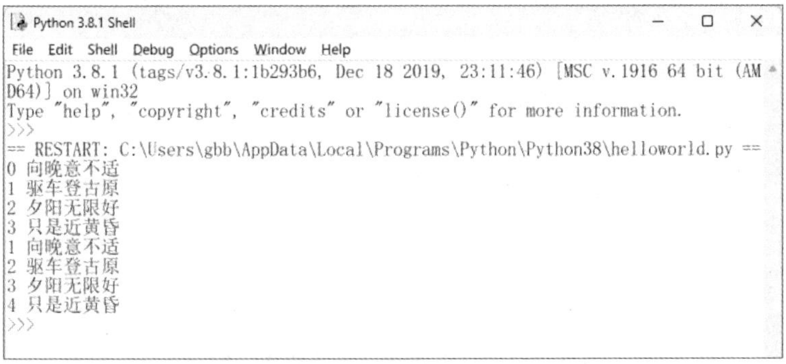

图 3-17　for 循环的应用示例（3）——运行结果

5. 使用 for 循环快速创建序列

在 Python 中，使用 for 循环可以快速创建序列，也就是使用推导式创建序列。推导式是 Python 的一种独有特性。列表推导式的语法格式如下：

```
[condition for var in iterator [if condition] ]
```

其中，[if condition] 是可选参数。元组推导式和列表推导式类似，只是将英文中括号"[]"换成英文小括号"()"。列表推导式和元组推导式的应用示例如【代码 3-9】所示。

【代码 3-9】列表推导式和元组推导式的应用示例

```python
import random
# 列表推导式
# 随机生成 10 个取值范围为 1 ~ 100 的整数，构成列表 list1
list1 = [random.randint(1,100) for i in range(10)]
print(list1)
# 选取列表 list1 中大于 50 的数，构建列表 list2
list2 = [i for i in list1 if i>50]
print(list2)
# 将列表 list2 中的数都乘 2，构成列表 list3
list3 = [i*2 for i in list2]
print(list3)
# 元组推导式和列表推导式类似，只是将英文中括号"[]"换成英文小括号"()"
# 元组推导式
tuple1 = (random.randint(1,100) for i in range(10))
# 元组推导式生成的是生成器对象
print(tuple1)
# 使用 tuple() 函数将其转换为元组
print(tuple(tuple1))
```

【代码 3-9】的运行结果如图 3-18 所示。

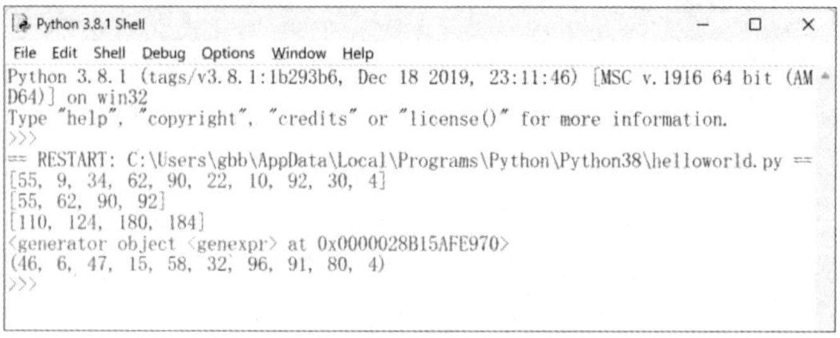

图 3-18 列表推导式和元组推导式的应用示例——运行结果

【代码 3-9】中用到了 random 模块。Python 中的 random 模块主要用于生成随机数。其中，randint() 方法主要用于生成随机整数。random 模块中还有其他用于生成随机数的方法，我们将在第 7 章展开介绍。

字典推导式与列表推导式、元组推导式有一些不同，其语法格式如下：

```
{key_exp:value_exp for key,value in dict.items() [if condition]}
```

和列表推导式类似，[if condition] 是可选参数。字典推导式的应用示例如【代码 3-10】所示。

【代码 3-10】字典推导式的应用示例

```
dict1 = {'a':'语文','b':'数学','C':'英语','D':'Python','e':'C语言'}
print(dict1)
# 获取字典中键是小写格式的键值对
dict2 = { key:value for key,value in dict1.items() if key.islower()}
print(dict2)
# 将字典中的所有键都设置为大写格式
dict3 = { key.upper():value for key,value in dict1.items()}
print(dict3)
```

【代码 3-10】的运行结果如图 3-19 所示。

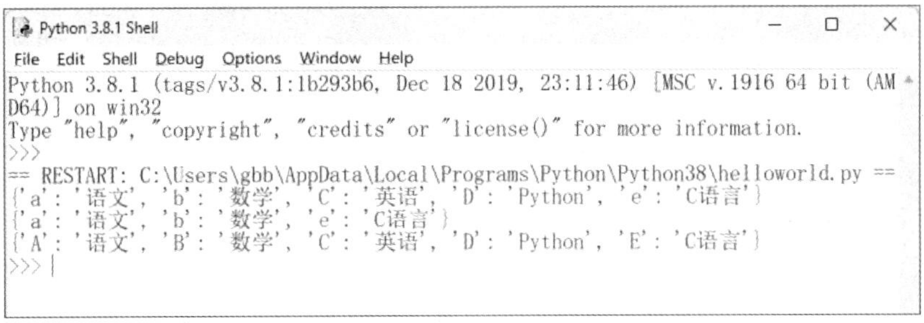

图 3-19　字典推导式的应用示例——运行结果

3.2.3　循环结构的嵌套

和选择结构类似，循环结构也可以嵌套使用。顾名思义，循环结构的嵌套就是在一个循环结构中嵌入另一个循环结构。循环结构的嵌套可以是两个 while 循环嵌套、两个 for 循环嵌套、while 循环和 for 循环嵌套、多层循环嵌套等，在程序开发过程中，可以根据需要灵活运用。

1. 利用循环结构的嵌套打印九九乘法表

下面利用循环结构的嵌套打印九九乘法表，如图 3-20 所示，用于演示

笔记

循环结构嵌套的应用。

1 * 1 = 1							
1 * 2 = 2	2 * 2 = 4						
1 * 3 = 3	2 * 3 = 6	3 * 3 = 9					
1 * 4 = 4	2 * 4 = 8	3 * 4 = 12	4 * 4 = 16				
1 * 5 = 5	2 * 5 = 10	3 * 5 = 15	4 * 5 = 20	5 * 5 = 25			
1 * 6 = 6	2 * 6 = 12	3 * 6 = 18	4 * 6 = 24	5 * 6 = 30	6 * 6 = 36		
1 * 7 = 7	2 * 7 = 14	3 * 7 = 21	4 * 7 = 28	5 * 7 = 35	6 * 7 = 42	7 * 7 = 49	
1 * 8 = 8	2 * 8 = 16	3 * 8 = 24	4 * 8 = 32	5 * 8 = 40	6 * 8 = 48	7 * 8 = 56	8 * 8 = 64
1 * 9 = 9	2 * 9 = 18	3 * 9 = 27	4 * 9 = 36	5 * 9 = 45	6 * 9 = 54	7 * 9 = 63	8 * 9 = 72 9 * 9 = 81

图 3-20　九九乘法表

图 3-20 中的九九乘法表由 9 行 9 列组成，我们可以用外层循环控制行，内层循环控制列，如【代码 3-11】所示。

【代码 3-11】打印九九乘法表

```python
# 控制行
for i in range(1,10):
    # 控制列
    for j in range(1,i+1):
        print(j,'*',i,'=',j*i,'\t',end='')
    print('\n')
```

为了便于大家理解，下面给出【代码 3-11】的运行流程图，如图 3-21 所示。

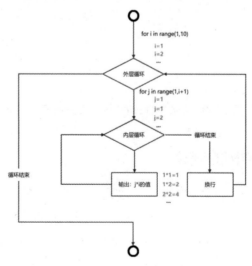

图 3-21　打印九九乘法表的运行流程图

2. 利用循环结构的嵌套打印空心四边形

为了加深大家对循环结构嵌套的理解，下面我们利用 while 循环的嵌套打印一个空心四边形，如【代码 3-12】所示。

【代码 3-12】利用 while 循环的嵌套打印空心四边形

```python
row = 0
# 控制行
while row<5:
    col = 0
    # 控制列
    while col<5:
        if col==0 or col==4 or row==0 or row==4:
            print('*',end=' ')
        else:
            print(' ',end=' ')
        # 增加列数
        col+=1
    print('')
    # 增加行数
    row+=1
```

【代码 3-12】的运行结果如图 3-22 所示。

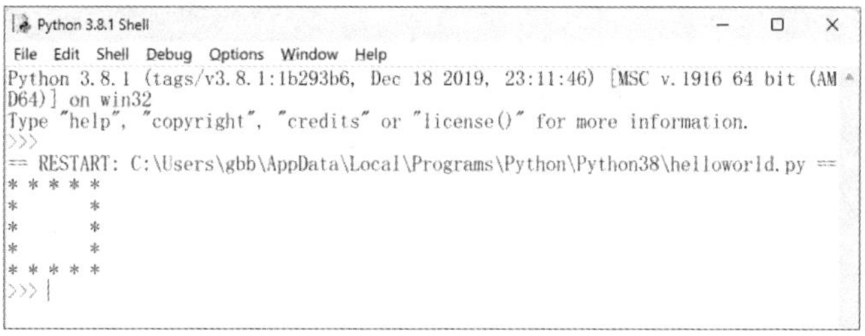

图 3-22　利用 while 循环的嵌套打印空心四边形——运行结果

【代码 3-12】也可以使用 for 循环的嵌套实现，如【代码 3-13】所示。

【代码 3-13】利用 for 循环的嵌套打印空心四边形

```python
for row in range(5):
    for col in range(5):
        if col==0 or col==4 or row==0 or row==4:
            print('*',end=' ')
        else:
            print(' ',end=' ')
    print('')
```

结合上面的案例，我们可以总结出以下结论。

笔记

- 一般使用外层循环控制行，使用内层循环控制列。
- for 循环和 while 循环可以相互转换。
- 外层循环执行一次，内层循环会执行多次。

3.2.4 循环控制

在循环结构中，可以使用 break 语句和 continue 语句对循环进行控制，break 语句主要用于结束整个循环，continue 语句主要用于结束当次循环。下面举例进行说明。你正在看一个电视剧，因为不喜欢某个演员，所以你不想继续看了，此时使用 break 语句；因为某集剧情设置不合理，所以你打算跳过本集，继续观看下一集，此时使用 continue 语句。此外，Python 中还有一个起占位作用的空语句 pass。

1. break 语句

break 语句主要用于结束当前正在执行的循环（for 循环、while 循环），转而执行循环后面的语句。break 语句一般与 if 语句搭配使用，表示在某种条件下跳出循环。break 语句的语法格式如下：

```
while/for 循环：
    if 条件表达式：
        break
```

以 for 循环为例，演示 break 语句的执行过程，如图 3-23 所示（while 循环和 for 循环类似）。

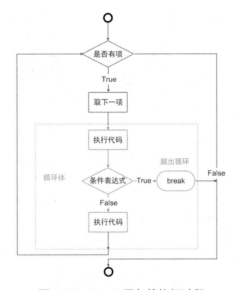

图 3-23　break 语句的执行过程

笔记

break 语句的应用示例如【代码 3-14】所示。

【代码 3-14】break 语句的应用示例

```
actor = int(input('请输入您不能接受的演员编号(1~10): '))
import random
for i in range(1,31):
    print('观看第',i,'集')
    # 当前集出现的演员编号
    actor_list = [random.randint(1,50) for i in range(3)]
    print('当前集出现的演员编号: ',actor_list)
    # 当判断条件为真时，退出循环
    if(actor in actor_list):
        print('出现不喜欢的演员',actor,'不看了...')
        break
```

【代码 3-14】的运行结果如图 3-24 所示。

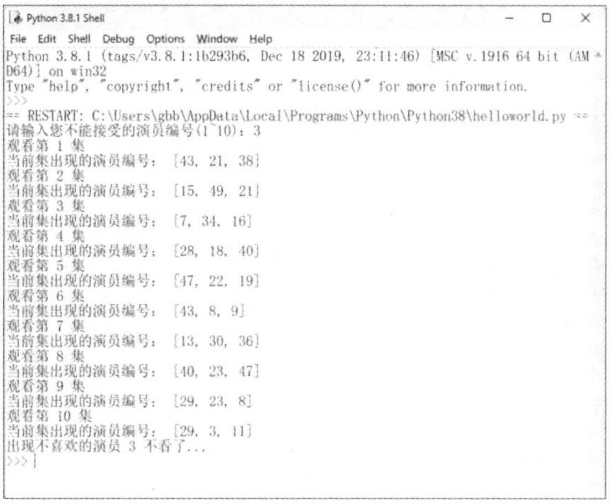

```
Python 3.8.1 Shell
File  Edit  Shell  Debug  Options  Window  Help
Python 3.8.1 (tags/v3.8.1:1b293b6, Dec 18 2019, 23:11:46) [MSC v.1916 64 bit (AM
D64)] on win32
Type "help", "copyright", "credits" or "license()" for more information.
>>>
== RESTART: C:\Users\gbb\AppData\Local\Programs\Python\Python38\helloworld.py ==
请输入您不能接受的演员编号(1~10)：3
观看第 1 集
当前集出现的演员编号： [43, 21, 38]
观看第 2 集
当前集出现的演员编号： [15, 49, 21]
观看第 3 集
当前集出现的演员编号： [7, 34, 16]
观看第 4 集
当前集出现的演员编号： [28, 18, 40]
观看第 5 集
当前集出现的演员编号： [47, 22, 19]
观看第 6 集
当前集出现的演员编号： [43, 8, 9]
观看第 7 集
当前集出现的演员编号： [13, 30, 36]
观看第 8 集
当前集出现的演员编号： [40, 23, 47]
观看第 9 集
当前集出现的演员编号： [29, 23, 8]
观看第 10 集
当前集出现的演员编号： [29, 3, 11]
出现不喜欢的演员 3 不看了...
>>>
```

图 3-24　break 语句的应用示例——运行结果

2. continue 语句

continue 语句主要用于结束当前正在执行的一次循环（for 循环、while 循环），接着执行下一次循环，也就是跳过循环体中尚未执行的语句，接着进行下一次是否执行循环的判定。continue 语句的语法格式如下：

```
while/for 循环 :
    if 条件表达式:
        continue
```

以 for 循环为例，演示 continue 语句的执行过程，如图 3-25 所示（while 循环和 for 循环类似）。

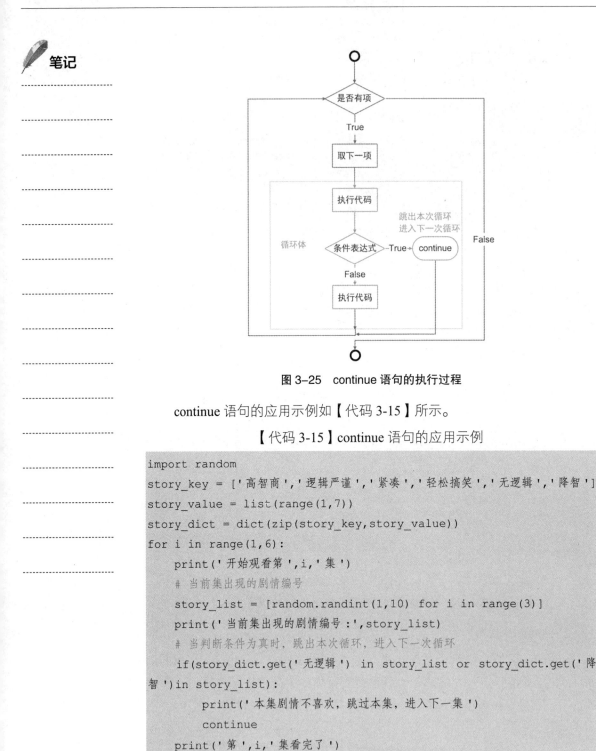

图 3-25 continue 语句的执行过程

continue 语句的应用示例如【代码 3-15】所示。

【代码 3-15】continue 语句的应用示例

```python
import random
story_key = ['高智商','逻辑严谨','紧凑','轻松搞笑','无逻辑','降智']
story_value = list(range(1,7))
story_dict = dict(zip(story_key,story_value))
for i in range(1,6):
    print('开始观看第 ',i,' 集 ')
    # 当前集出现的剧情编号
    story_list = [random.randint(1,10) for i in range(3)]
    print('当前集出现的剧情编号:',story_list)
    # 当判断条件为真时，跳出本次循环，进入下一次循环
    if(story_dict.get('无逻辑') in story_list or story_dict.get('降智')in story_list):
        print('本集剧情不喜欢，跳过本集，进入下一集')
        continue
    print('第 ',i,' 集看完了')
```

【代码 3-15】的运行结果如图 3-26 所示。

通过上面的学习，我们可以总结出 continue 语句只是结束本次循环，进入下一次循环；而 break 语句是结束整个循环，不再进行条件判断。

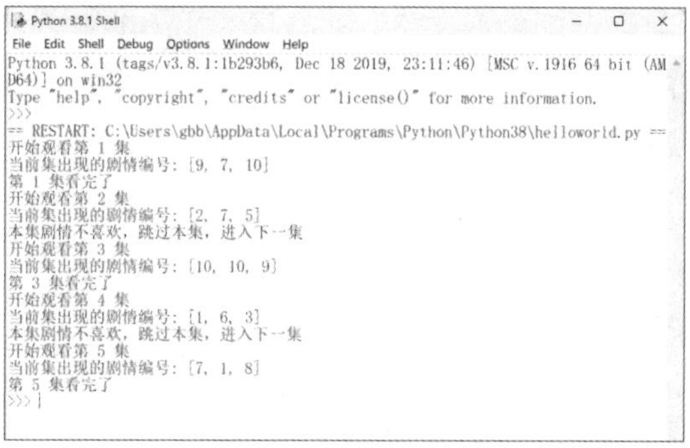

图 3-26 continue 语句的应用示例——运行结果

3. pass 语句

Python 中提供了一个 pass 语句，表示不做任何事情，主要用于占位，以便保持程序结构的完整性。pass 语句的应用示例如【代码 3-16】所示。

【代码 3-16】pass 语句的应用示例

```
even = []
# 如果是偶数，则将其添加到 even 列表中
# 如果不是偶数，就暂时什么都不干，用 pass 语句占位
for i in range(1,10):
    if i%2==0:
        even.append(i)
    else:
        pass
print(even)
```

【代码 3-16】的运行结果如图 3-27 所示。

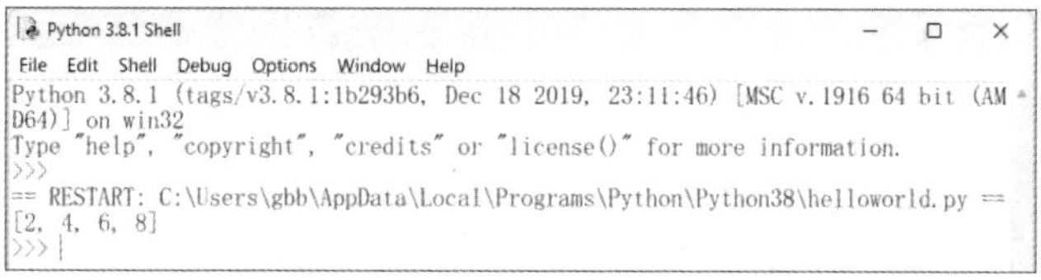

图 3-27 pass 语句的应用示例——运行结果

3.2.5 案例 4：剪刀石头布游戏

【案例描述】

剪刀石头布游戏又称为"猜丁壳""猜拳"，是一种比较古老的游戏，

笔记

游戏的起源可追溯到汉朝的手势令。在我国，很小的孩子都会玩这个游戏，因为它的规则很简单，石头克剪刀，剪刀克布，布克石头。这个游戏的主要目的是解决争议，因为三者相互制约，因此不论平局几次，总会有分出胜负的时候。

【案例要求】

设计一个剪刀石头布游戏，游戏规则如下。

- 玩家出剪刀、石头或布。
- 计算机随机输出剪刀、石头或布。
- 对玩家出的结果和计算机出的结果进行对比。

【实现思路】

（1）使用循环结构控制是否继续游戏。
（2）使用选择结构对结果进行对比。

【案例代码】

扫描左侧的二维码，可以查阅本案例的代码。

【运行结果】

本案例代码的运行结果如图 3-28 所示。

图 3-28　剪刀石头布游戏——运行结果

3.2.6　小结回顾

【知识小结】

1．while 循环又称为条件循环，它可以通过一个判断条件，控制是否需要重复执行循环体。

2．for 循环又称为计次循环、遍历循环，是重复执行一定次数的循环，主要用于进行数值循环，以及遍历字符串、列表等序列。

3．循环结构的嵌套是在一个循环结构中嵌入另一个循环结构，可以是两个 while 循环嵌套、两个 for 循环嵌套、while 循环和 for 循环嵌套、多层循环嵌套等。

4．在循环结构中，可以使用 break 语句和 continue 语句对循环进行控制，break 语句主要用于结束整个循环，continue 语句主要用于结束当次循环。

【知识足迹】

3.2 循环结构	3.2.1 while循环	while循环介绍
		while循环的应用
		while循环的注意事项
	3.2.2 for循环	for循环介绍
		使用for循环进行数值循环
		使用for循环进行序列遍历
		使用for循环和enumerate() 函数遍历序列
		使用for循环快速创建序列
	3.2.3 循环结构的嵌套	利用循环结构的嵌套打印九九乘法表
		利用循环结构的嵌套打印空心四边形
	3.2.4 循环控制	break 语句
		continue 语句
	3.2.5 案例4：剪刀石头布游戏	pass语句

3.3　本章回顾

【本章小结】

本章共分为两部分，第一部分主要介绍选择结构，首先介绍 if 语句、

笔记

笔记

if...else 语句、if...elif...else 语句，然后介绍选择结构的嵌套，最后使用"模拟期末考试考生进入考场前的查验流程"案例演示选择结构的应用；第二部分主要介绍循环结构，首先介绍 while 循环、for 循环，然后介绍循环结构的嵌套、循环控制，最后使用"剪刀石头布游戏"案例演示选择结构和循环结构的结合应用。

【综合练习】

1. 关于 Python 中的选择结构，以下描述错误的是（　　　）。

    A．选择结构又称为分支结构，对应现实生活中的选择问题

    B．Python 中的选择结构有 3 种，分别为单分支结构（if 语句）、双分支结构（if...else 语句）和多分支结构（if...elif...else 语句）

    C．在 if...else 语句中，如果表达式为真，则执行语句块；如果表达式为假，则跳过语句块

    D．多分支结构使用 if...elif...else 语句表示

2. 【多选】Python 中的选择结构包括（　　）。

    A．if 语句　　　　　　　　　　　　B．if...else 语句

    C．if...elseif...else 语句　　　　　　D．if...elif...else 语句

3. 【多选】Python 中的循环结构包括（　　）。

    A．do...while 循环　　　　　　　　B．for 循环

    C．do 循环　　　　　　　　　　　　D．while 循环

4. 关于 Python 中的循环结构，以下描述错误的是（　　　）。

    A．while 循环又称为条件循环，它可以通过一个判断条件，控制是否需要重复执行循环体

    B．for 循环又称为计次循环、遍历循环，是重复执行一定次数的循环，主要用于进行数值循环，以及遍历字符串、列表等序列

    C．for 循环不能和 range() 函数结合使用

    D．可以使用 for 循环和 enumerate() 函数遍历序列

5. 关于循环结构的嵌套，以下描述错误的是（　　　）。

    A．循环结构的嵌套可以是两个 while 循环嵌套、两个 for 循环嵌套，但不能是 while 循环和 for 循环嵌套

B．在循环结构的嵌套中，一般用外层循环控制行，用内层循环控制列

C．在循环结构的嵌套中，外层循环执行一次，内层循环会执行多次

D．循环结构的嵌套就是在一个循环中嵌入另一个循环

6．【多选】关于循环控制，以下描述正确的有（　　　　）。

A．在循环结构中，可以使用 break 语句和 continue 语句对循环进行控制

B．break 语句主要用于结束当前正在执行的循环，转而执行循环后面的语句

C．continue 语句主要用于结束当前正在执行的一次循环，接着执行下一次循环

D．break 语句主要用于结束整个循环，continue 语句主要用于结束当次循环

7．简述单分支结构、双分支结构、多分支结构的执行过程。

8．简述 while 循环、for 循环的执行过程。

第 **4** 章

函数

 【本章概览】

　　函数是可以一次定义、多次使用的代码段。如果将 Python 类比成汉语，那么函数相当于典故、成语、歇后语、网络用语等，不仅可以提高文学素养（代码可读性），还可以提升写作效率（代码开发效率）。

　　例如，某个班级中有 40 个学生，每个学生都有姓名、性别、年龄等个人信息，而你现在需要按照某种固定格式输出学生的个人信息，当选择学生 A 时，输出学生 A 的个人信息；当选择学生 B 时，输出学生 B 的个人信息；以此类推。因为我们需要经常输出学生的个人信息，而每次都编写一段输出代码很麻烦，所以可以使用函数，只需要定义一次，后续在需要使用时就可以直接调用。

　　本章主要介绍函数的基础知识、参数传递与变量的作用域。

 【知识路径】

4.1 函数的基础知识

在计算机中，函数是指可以直接被其他程序或代码引用的程序或代码。简单理解就是，函数是用于实现某种功能的可重复使用的代码段。函数的作用可总结为以下几点。

- 通过友好的命名方式给函数和变量命名，可以使代码更易读、更易于调试。
- 函数可以通过减少重复代码，使程序更简短，后续如果需要修改代码，那么只需修改相应的函数。
- 将一段长程序拆分成几个函数，可以单独对每个函数进行调试，再将它们组装成完整的程序。

我们之前使用过的 input()、print()、range() 等都是函数，它们是 Python 提供的标准内置函数。我们是否可以自己定义函数并使用呢？答案是可以的。下面展开介绍函数的定义与调用。

4.1.1 函数的定义与调用

1. 函数的定义

在 Python 中，使用 def 关键字定义函数，具体的语法格式如下：

```
def functionname(parameters):
    functionbody
```

函数定义的参数及说明如表 4-1 所示。

表 4-1 函数定义的参数及说明

参数	说明
functionname	用于指定函数的名称，在调用函数时使用
parameters	【可选参数】用于指定函数的参数，如果不指定，则说明该函数中没有参数，在调用时也不用传递参数；如果有多个参数，那么参数之间使用英文逗号 "," 分隔
functionbody	【可选参数】函数体，也就是在函数被调用时要执行的功能代码。如果要定义一个什么都不干的函数，则可以使用 pass 语句占位；如果函数有返回值，则可以使用 return 语句

下面我们定义一个用于输出个人信息的函数，如图 4-1 所示。

在图 4-1 中，函数的名称是 showinfo，使用这个名称调用该函数；英文小括号 "()" 中的 name、sex 和 age 是函数的参数，使用英文逗号 "," 分隔；英文冒号 ":" 后边的两行代码是函数体，其功能是使用格式化字符串输出个人信息；这段代码中没有 return 语句，表示该函数没有返回值。因为这段代码是函数的定义代码，还没有对其进行调用，所以运行这段代码没有输出信息。

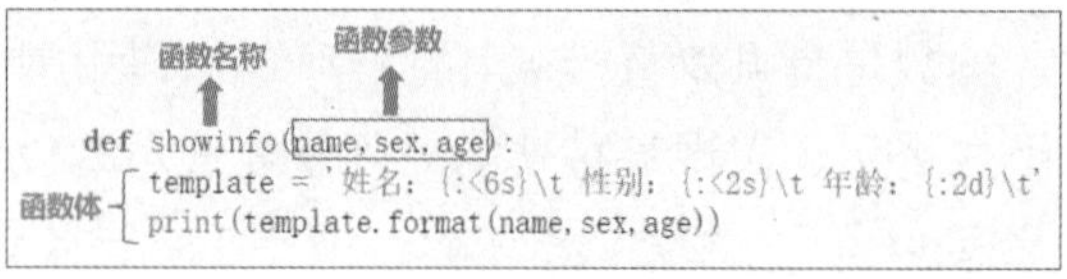

图 4-1 函数的定义

2. 函数的调用

定义函数是指通过参数和函数体决定函数的功能，但函数并没有被执行。如果要执行函数，则需要调用函数。例如，调用图 4-1 中的函数 showinfo 的代码为 showinfo(' 张三 ',' 男 ',23)，输出结果为格式化的 "张三" 的姓名、性别、年龄。调用函数的语法格式如下：

```
functionname(parameters_value)
```

functionname 是要调用函数的函数名；parameters_value 是需要传递的参数值，多个参数之间使用英文逗号 "," 分隔；如果函数有返回值，则可以使用一个变量接收该返回值。

3. 函数的定义与调用应用示例

函数的定义与调用应用示例（1）如【代码 4-1】所示。

【代码 4-1】函数的定义与调用应用示例（1）

```python
# 定义一个用于获取偶数的函数
def geteven(number_list):
    print(' 您传入的参数为: ',number_list)
    even = []
    for i in number_list:
        if i%2 == 0:
            even.append(i)
        else:
            pass
    # 返回 even 列表
    return even
# 定义待传递的参数
numberlist = list(range(1,30,3))
# 调用 geteven() 函数
# 使用 evenlist 变量接收返回值
evenlist = geteven(numberlist)
# 输出接收的返回值
```

```
print(' 您接收到的返回值为: ',evenlist)
```

【代码 4-1】中定义了一个用于获取偶数的函数，该函数体有返回值，在调用该函数时使用 evenlist 变量将其接收并输出。

【代码 4-1】的运行结果如图 4-2 所示。

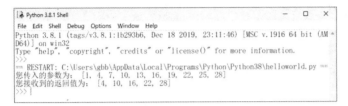

图 4-2　函数的定义与调用应用示例（1）——运行结果

函数也可以嵌套使用。函数的定义与调用应用示例（2）如【代码 4-2】所示。

【代码 4-2】函数的定义与调用应用示例（2）

```
# 函数的定义
def count_bodyfat(name,sex,age,height,weight):
    '''
    函数作用: 计算体脂率, 并且输出体形评估结果。
    参数说明:
        name 表示名字, 采用字符串类型。
        sex 表示性别, 采用字符串类型。
        age 表示年龄, 采用整数类型。
        height 表示身高, 采用浮点数类型。
        weight 表示体重, 采用浮点数类型。
    '''
    if sex=='男':
        sex_int = 1
    else:
        sex_int = 0
    BMI = weight/(height*height)
    rate = 1.2*BMI+0.23*age-5.4-10.8*sex_int
    # 函数的定义
    def decide_health(sex,rate):
        # 男为 1, 女为 0
        if(sex_int==1):
            if(rate<15):
                print('****************** 您的体形偏瘦 ***************
```

```
***')
            elif(rate>=15 and rate<=18):
                print('***************** 您的体形正常 *************
******')
            elif(rate>18):
                print('***************** 您的体形偏胖 *************
******')
        else:
            if(rate<25):
                print('***************** 您的体形偏瘦 *************
******')
            elif(25<=rate<=28):
                print('***************** 您的体形正常 *************
******')
            else:
                print('***************** 您的体形偏胖 *************
******')
    print('-------------------- 体脂率信息——{}--------------------
----------'.format(name))
    template = ' 姓名: {:<6s}\t 性别: {:<2s}\t BMI: {:.2f}\t 体脂率:
{:.2%}'
    print(template.format(name,sex,BMI,rate/100))
    # 函数的调用
    decide_health(sex,rate)
# 函数的调用
count_bodyfat(' 张三 ',' 男 ',24,1.75,65)
count_bodyfat(' 李四 ',' 女 ',28,1.60,55)
```

【代码 4-2】对"案例 1：计算体脂率"进行了改造，定义了一个用于计算体脂率的函数 count_bodyfat()，在该函数中又定义了一个根据体脂率判断体形的函数 decide_health()。

【代码 4-2】的运行结果如图 4-3 所示。

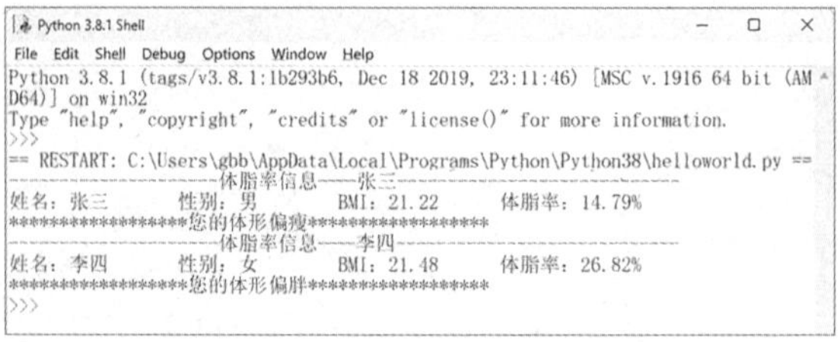

图 4-3　函数的定义与调用应用示例（2）——运行结果

在【代码 4-2】中，为 count_bodyfat() 函数添加了说明文档。函数的说明文档放在字符串中，通常位于函数内部、所有代码的最前面，如图 4-4 所示。可以通过内置的 help() 函数或 __doc__ 属性获取说明文档的内容，如图 4-5 所示。

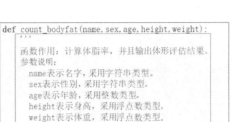

图 4-4　说明文档的使用

```
help(count_bodyfat)

Help on function count_bodyfat in module __main__:

count_bodyfat(name, sex, age, height, weight)
    函数作用：计算体脂率，并且输出体形评估结果。
    参数说明：
        name表示名字，采用字符串类型。
        sex表示性别，采用字符串类型。
        age表示年龄，采用整数类型。
        height表示身高，采用浮点数类型。
        weight表示体重，采用浮点数类型。

count_bodyfat.__doc__
' \n  函数作用：计算体脂率，并且输出体形评估结果。\n  参数说明：\n  name表示名字，采用字符串类型。\n  sex表示性别，采用字符串类型。\n  age表示年龄，采用整数类型。\n  height表示身高，采用浮点数类型。 weight表示体重，采用浮点数类型。\n '
```

图 4-5　查看说明文档

4.1.2　函数的返回值

在定义函数时，我们可以使用 return 语句为函数指定返回值。在调用函数时，参数传递解决了从函数外部向函数内部输入数据的问题，而函数的返回值解决了从函数内部向函数外部输出数据的问题。

需要注意的是，当函数中有 return 语句时，只要执行了 return 语句，就会直接停止函数的执行，所以可以使用 return 语句退出函数。

return 语句的语法格式如下：

```
return [value]
```

其中，value 为可选参数，如果不指定 value 参数的值，则会返回 None。value 可以是一个值，也可以是多个值，该值可以为任意数据类型的数据。

return 语句的应用示例如【代码 4-3】所示。

【代码 4-3】return 语句的应用示例

```
# 计算三角形的面积
```

笔记

```python
def triangle_area(a,b,c):
    # 半周长
    s = (a+b+c)/2
    # 面积
    area = (s*(s-a)*(s-b)*(s-c)) ** 0.5
    # 返回面积并保留两位小数
    return round(area,2)
a = float(input('请输入三角形第一边长：'))
b = float(input('请输入三角形第二边长：'))
c = float(input('请输入三角形第三边长：'))
# 使用 area 变量接收返回值
area = triangle_area(a,b,c)
print('此三角形的面积为：',area)
```

【代码 4-3】的运行结果如图 4-6 所示。

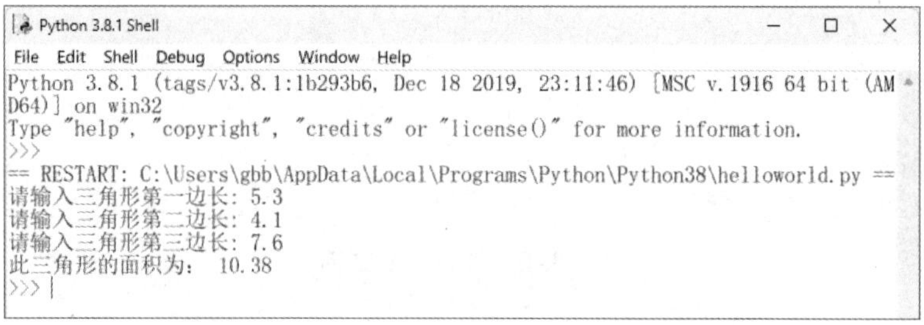

图 4-6　return 语句的应用示例——运行结果

4.1.3　Python 中常用的内置函数

我们在前面已经使用了 Python 中的很多内置函数，如 input()、print()、int()、list()、range()。为了方便大家记忆 Python 中常用的内置函数，下面按照功能将其分为 5 类，分别为数学运算类、序列相关类、类型转换类、逻辑判断类和对象操作类。其中，类型转换类在第 2 章（表 2-22）中已经介绍过，此处不再赘述。

1. 数学运算类

Python 中常用的数学运算类内置函数如表 4-2 所示。

表 4-2　Python 中常用的数学运算类内置函数

函数	说明
abs(x)	求绝对值，如果参数是复数，则返回复数的模

续表

函数	说明
max(x, y, z, ...)	返回指定参数的最大值，参数可以为序列
min(x, y, z, ...)	返回指定参数的最小值，参数可以为序列
divmod(a, b)	分别求商和余数
pow(x, y[, z])	幂运算，第三个参数 z 为可选参数，当只有 x、y 参数时，该函数会返回 x 的 y 次幂；当有 x、y、z 参数时，该函数会返回 x 的 y 次幂与 z 的余数
round(x[, n])	对浮点数进行近似取值，即四舍五入；第二个参数 n 为可选参数，用于指定保留的小数位数，默认保留整数
sum(iterable[, start])	对序列进行求和运算，iterable 参数用于指定可迭代对象，如列表、元组等；start 参数为可选参数，用于指定相加的参数，默认值为 0

数学运算类内置函数的应用示例如【代码 4-4】所示。

【代码 4-4】数学运算类内置函数的应用示例

```
import random
a = random.randint(1,5)
print('a=',a)
b = random.randint(1,20)
print('b=',b)
# 求绝对值
c = abs(a-b)
print('c=|a-b|=',c)
list1 = [a,b,c]
# 求最大值
print('a、b、c 中的最大值为: ',max(list1))
# 求最小值
print('a、b、c 中的最小值为: ',min(list1))
# 求和
print('a、b、c 之和为: ',sum(list1))
# 分别求商和余数
print('b/a 的商和余数分别为: ',divmod(b,a))
# 幂运算
print(b,' 的 ',a,' 次幂: ',pow(b,a))
print(b,' 的 ',a,' 次幂与 ',c,' 的余数: ',pow(b,a)%c))
# 四舍五入，保留 2 位小数
print('a/b=',round((a/b),2))
```

【代码 4-4】的运行结果如图 4-7 所示。

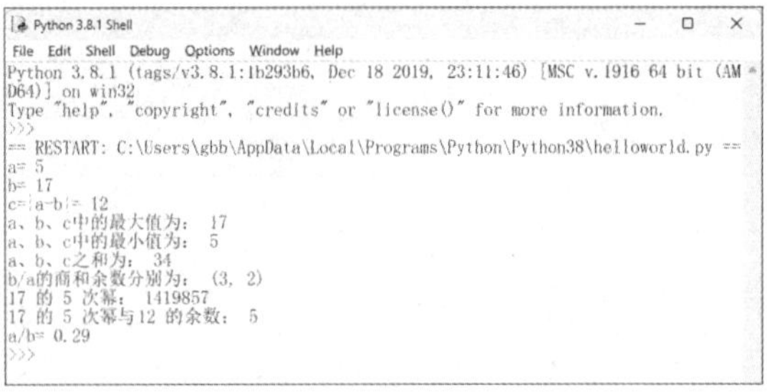

图 4-7 数学运算类内置函数的应用示例——运行结果

2. 序列相关类

Python 中常用的序列相关类内置函数如表 4-3 所示。

表 4-3　Python 中常用的序列相关类内置函数

函数	说明
range([start], stop[, step])	产生一个序列，默认从 0 开始，参数 start 和 step 为可选参数。关于各个参数的详细介绍，读者可以自行查询相关资料
enumerate(sequence [, start=0])	将一个可遍历的数据对象组合成一个索引序列，并且列出数据和数据下标，通常在 for 循环中使用。关于各个参数的详细介绍，读者可以自行查询相关资料
zip([iterable, ...])	将可迭代的对象作为参数，将多个列表或元组对应位置的元素组合成元组，然后返回包含这些内容的 zip 对象
dict([arg])	创建字典，arg 参数为可选参数。如果没有参数，则会创建空字典。参数可以是关键字、zip() 函数等
reversed(seq)	反向序列中的元素，返回一个迭代器对象

表 4-3 中列举的大部分序列相关类内置函数我们在前面章节中都使用过，此处不再举例说明。

3. 逻辑判断类

Python 中常用的逻辑判断类内置函数如表 4-4 所示。

表 4-4　Python 中常用的逻辑判断类内置函数

函数	说明
all(iterable)	判断指定的可迭代参数 iterable 中的所有元素是否都为 True，如果是，则返回 True，否则返回 False
any(iterable)	判断指定的可迭代参数 iterable 中的所有元素是否全部为 False，如果是，则返回 False；只要有一个为 True，就返回 True

逻辑判断类内置函数的应用示例如【代码 4-5】所示。

【代码 4-5】逻辑判断类内置函数的应用示例

```
list1 = ['语文','数学','英语']
```

```
list2 = ['张三','','李四','王五']
list3 = [0,1,2]
list4 = [0,0,0]
# all()函数，如果参数中的所有元素都为 True，则返回 True
# 空值和 0 表示 False
print(all(list1))
print(all(list2))
print(all(list3))
print(all(list4))
# any()函数，如果参数中的所有元素全部为 False，则返回 False
print(any(list1))
print(any(list2))
print(any(list3))
print(any(list4))
```

【代码 4-5】的运行结果如图 4-8 所示。

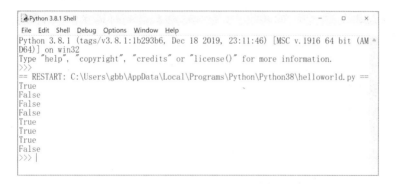

图 4-8　逻辑判断类内置函数的应用示例——运行结果

4. 对象操作类

Python 中常用的对象操作类内置函数如表 4-5 所示。

表 4-5　Python 中常用的对象操作类内置函数

函数	说明
id(object)	返回对象的唯一标识符
type(object)	返回对象的类型
len(s)	返回对象（字符、列表、元组等）的长度或元素的个数
help([object])	查看函数或模块的详细说明

表 4-5 中列举的对象操作类内置函数都很简单，并且大部分函数在前面章节中都使用过，此处不再举例说明。

笔记

4.1.4 案例 5：验证哥德巴赫猜想

【案例描述】

哥德巴赫是一位德国数学家。1742 年，哥德巴赫在给欧拉的信中提出了以下猜想：任意一个大于 2 的整数都可以写成 3 个质数之和。但是哥德巴赫自己无法证明该猜想，于是写信请教赫赫有名的数学家欧拉帮忙证明。欧拉在回信中提到了另一个等价版本，即任意一个大于 2 的偶数都可以写成两个质数之和。现在常说的哥德巴赫猜想指的是欧拉的版本。欧拉虽然提出了等价版本，但是他直到去世也未证明这个猜想。

【案例要求】

设计一个程序，用于验证哥德巴赫猜想。通过键盘随意输入一个大于 2 的偶数，输出其分解式，如果随意输入的某个偶数找不到分解式，则表示哥德巴赫猜想不成立；如果随意输入的每个偶数都有分解式，则表示哥德巴赫猜想是不能证伪的。

【实现思路】

（1）定义一个用于判断质数的函数。

（2）定义一个按照哥德巴赫猜想对偶数进行分解的函数。

（3）验证哥德巴赫猜想。

【案例代码】

扫描左侧的二维码，可以查阅本案例的代码。

【运行结果】

本案例代码的运行结果如图 4-9 所示。

```
Python 3.8.1 Shell                                              -    □    ×
File Edit Shell Debug Options Window Help
Python 3.8.1 (tags/v3.8.1:1b293b6, Dec 18 2019, 23:11:46) [MSC v.1916 64 bit (AM ^
D64)] on win32
Type "help", "copyright", "credits" or "license()" for more information.
>>>
== RESTART: C:\Users\gbb\AppData\Local\Programs\Python\Python38\helloworld.py ==
请输入任意一个偶数：488
488 = 31 + 457
>>>
```

图 4-9 验证哥德巴赫猜想——运行结果

4.1.5 小结回顾

📖 【知识小结】

1．在 Python 中，使用 def 关键字定义函数。在定义函数时，参数和返回值均为可选的。

2．调用函数就是执行函数。在调用函数时，需要给出函数名，如果调用的是有参数的函数，则需要提供相应的参数。

3．当需要获取函数的返回结果时，可以使用 return 语句为函数指定返回值。

4．当函数中有 return 语句时，只要执行了 return 语句，就会直接停止函数的执行。

5．为了方便大家记忆，本书按照功能，将 Python 中常用的内置函数分为 5 类，分别为数学运算类、序列相关类、类型转换类、逻辑判断类和对象操作类。

📊 【知识足迹】

4.2 参数传递与变量的作用域

前面讲解了函数的定义、调用、返回值等函数的基础知识。在掌握了这些知识之后，我们可以自定义一个函数并使用，但是要在程序开发过程中熟练应用函数或读懂其他人写的函数相关代码，还需要掌握参数传递和变量作用域的相关知识。

4.2.1 函数的参数传递

1. 形式参数与实际参数

函数调用时的参数传递解决了从函数外部向函数内部输入数据的问题。在定义函数时，函数名后面括号中的参数为形式参数；在调用函数时，函数名后面括号中的参数为实际参数，如图 4-10 所示。

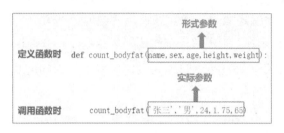

图 4-10 形式参数与实际参数

在定义函数时，函数的形式参数不代表任何具体的值，只有在调用函数时，才会将实际参数传递给函数。

2. 参数传递的分类

在将实际参数传递给形式参数的过程中，根据实际参数的类型，可以将参数传递分为传递不可变对象和传递可变对象。

- 传递不可变对象：当实际参数为不可变对象时，在进行参数传递时，传递的是不可变对象。在传递不可变对象后，形式参数的值发生改变，实际参数的值不变。

- 传递可变对象：当实际参数为可变对象时，在进行参数传递时，传递的是可变对象。在传递可变对象后，形式参数的值发生改变，实际参数的值也会发生改变。

在 Python 中，字符串、元组、数字是不可变对象，列表、字典是可变对象。参数传递的应用示例如【代码 4-6】所示。

【代码 4-6】参数传递的应用示例

```
# 定义函数
# id() 函数为 Python 中的内置函数，主要用于获取对象的内存地址
def doublename(name):
    print('传递过来的原值: ',name,'\t 内存地址: ',id(name))
    name += name
    print('函数中: ',name,'\t 内存地址: ',id(name))
# 传递不可变对象
```

```
print('---------- 传递不可变对象 ----------')
name1 = '张三，李四，王五'
doublename(name1)
print(' 被调用后（不可变对象）：',name1,'\t 内存地址：',id(name1))
# 传递可变对象
print('---------- 传递可变对象 ----------')
name2 = [' 赵六 ',' 孙七 ',' 周八 ']
doublename(name2)
print(' 被调用后（可变对象）：',name2,'\t 内存地址：',id(name2))
```

【代码 4-6】的运行结果如图 4-11 所示。

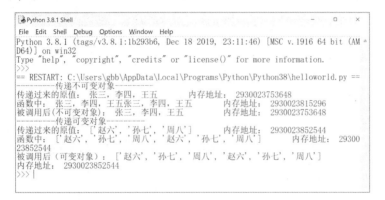

图 4-11　参数传递的应用示例——运行结果

根据图 4-11 中的运行结果可知，不可变对象在参数传递过程中传递的
只是对象的值，没有影响对象本身，在执行函数体的过程中，会在内存中生
成一个新的对象，在函数被调用后，原对象的值没有改变；而可变对象在参
数传递过程中传递的是对象的引用，在执行函数体的过程中，没有生成新的
对象，在函数被调用后，原对象的值随着形式参数的改变发生了改变。

4.2.2　传递的参数类型

在函数调用过程中，根据传递的参数类型，可以将参数分为位置参数、
关键字参数、默认参数、不定长参数和强制关键字参数。

1. 位置参数

位置参数又称为必须参数，是指必须以正确的顺序传递给函数的参数。
我们之前传递的参数均是位置参数。在传递位置参数时，需要注意以下两点。

● 位置参数的实际参数数量必须与形式参数数量保持一致。

● 位置参数的实际参数位置必须与形式参数位置保持一致。

笔记

笔记

下面以调用【代码 4-2】中定义的 count_bodyfat(name,sex,age,height, weight) 函数为例，分别介绍位置参数的实际参数数量与形式参数数量不一致、位置参数的实际参数位置与形式参数位置不一致的情况。

1）位置参数的实际参数数量与形式参数数量不一致

当位置参数的实际参数数量与形式参数数量不一致时，会发生 TypeError 错误，如图 4-12 所示。发生该错误的原因是缺少 height 和 weight 参数。

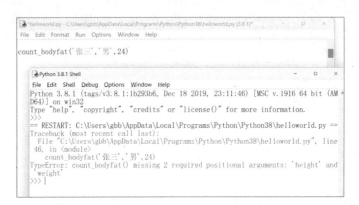

图 4-12　位置参数的实际参数数量与形式参数数量不一致——运行结果

2）位置参数的实际参数位置与形式参数位置不一致

当位置参数的实际参数位置与形式参数位置不一致时，也会发生 TypeError 错误，如图 4-13 所示。发生该错误的原因是形式参数的数据类型与实际参数的数据类型不一致，并且在函数中，这两种数据类型不能正常转换。

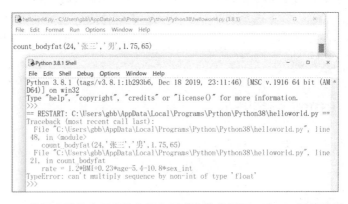

图 4-13　位置参数的实际参数位置与形式参数位置不一致——运行结果（1）

但是有一种特殊情况，在函数调用过程中，虽然指定的实际参数位置与形式参数位置不一致，但是它们的数据类型一致，那么程序不会报错，但是得到的结果通常与实际不符，如图 4-14 所示。

笔记

helloworld.py - C:\Users\gbb\AppData\Local\Programs\Python\Python38\helloworld.py (3.8.1)
File Edit Format Run Options Window Help
count_bodyfat('张三','男',1.75,24,65)
Python 3.8.1 Shell
File Edit Shell Debug Options Window Help
Python 3.8.1 (tags/v3.8.1:1b293b6, Dec 18 2019, 23:11:46) [MSC v.1916 64 bit (AMD64)] on win32
Type "help", "copyright", "credits" or "license()" for more information.
>>>
== RESTART: C:\Users\gbb\AppData\Local\Programs\Python\Python38\helloworld.py ==
----------体脂率信息----张三----------
姓名：张三 性别：男 BMI：0.11 体脂率：-15.66%
******************您的体形偏瘦******************
>>>

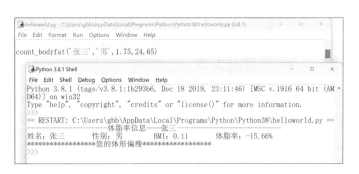

图 4-14　位置参数的实际参数位置与形式参数位置不一致——运行结果（2）

图 4-14 中，age 参数和 height 参数调换了位置，程序可以正常运行，但是计算出的体脂率是负数，明显不符合实际情况。

2．关键字参数

关键字参数是指在函数调用过程中，使用形式参数的名字指定输入数据的参数。如果使用关键字参数，那么在调用函数时，只需保证参数名正确，无须保证参数顺序与定义函数时的参数顺序保持一致，因为 Python 解释器能够根据参数名匹配参数值，这种方式可以使参数传递更灵活、方便。

下面通过调用【代码 4-2】中定义的 count_bodyfat(name,sex,age,height,weight) 函数，讲解关键字参数的使用方法，如图 4-15 所示。

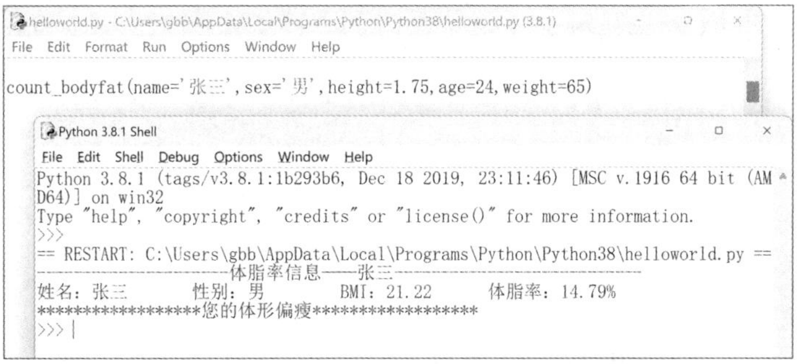

helloworld.py - C:\Users\gbb\AppData\Local\Programs\Python\Python38\helloworld.py (3.8.1)
File Edit Format Run Options Window Help
count_bodyfat(name='张三',sex='男',height=1.75,age=24,weight=65)
Python 3.8.1 Shell
File Edit Shell Debug Options Window Help
Python 3.8.1 (tags/v3.8.1:1b293b6, Dec 18 2019, 23:11:46) [MSC v.1916 64 bit (AMD64)] on win32
Type "help", "copyright", "credits" or "license()" for more information.
>>>
== RESTART: C:\Users\gbb\AppData\Local\Programs\Python\Python38\helloworld.py ==
----------体脂率信息----张三----------
姓名：张三 性别：男 BMI：21.22 体脂率：14.79%
******************您的体形偏瘦******************
>>> |

图 4-15　关键字参数的使用方法——运行结果

图 4-15 中，height 参数与 age 参数的位置与定义函数时的参数位置不一致，但是该函数能正常运行，并且得到的结果是合理的。

3．默认参数

如果在定义函数时，直接指定了参数的默认值，那么在调用函数时，即使没有传入该参数的值，程序也不会报错。这种在定义函数时，直接指定了默认值的参数就是默认参数。需要注意的是，在定义函数时，默认参数必须放在所有参数后面，不然会报错，如图 4-16 所示。

笔记

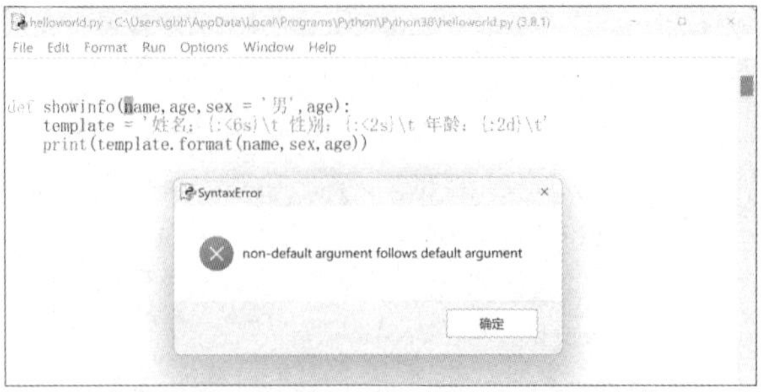

图 4-16 默认参数没有放到所有参数后面

默认参数的应用示例如【代码 4-7】所示。

【代码 4-7】默认参数的应用示例

```
# 使用默认参数，将其放到所有参数之后
def showinfo(name,age,sex = ' 男 '):
    template = ' 姓名：{:<6s}\t 性别：{:<2s}\t 年龄：{:2d}\t'
    print(template.format(name,sex,age))
# 没有指定参数 sex 的值
showinfo(' 张三 ',23)
showinfo(' 李四 ',25)
# 指定了参数 sex 的值
showinfo(' 王五 ',18,' 女 ')
```

【代码 4-7】的运行结果如图 4-17 所示。

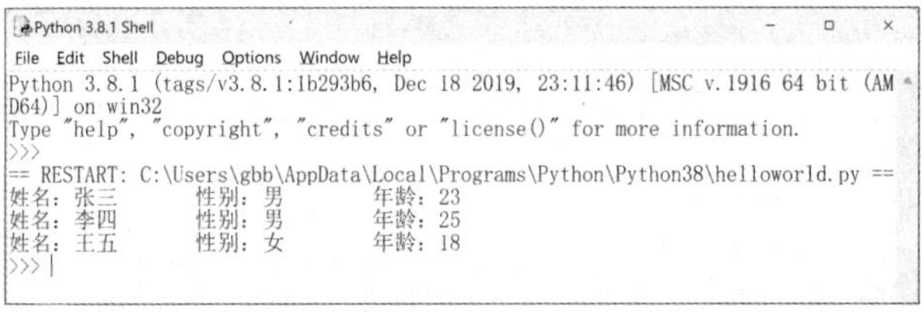

图 4-17 默认参数的应用示例——运行结果

4．不定长参数

不定长参数又称为可变参数，表示传入的实际参数可以有多个。不定长参数有两种形式，一种是加一个星号"*"，以元组的形式传入；另一种是加两个星号"**"，以字典的形式传入。

1）*parameter

加一个星号"*"的不定长参数表示可以接收任意多个实际参数并将其放入一个元组，其应用示例如【代码 4-8】所示。

【代码 4-8】不定长参数的应用示例（1）

```python
# 不定长参数（*parameter）
def personal_introduction(name,age,*like,sex=' 男 '):
    '''
    函数作用：打印个人信息。
    参数说明：
        name 表示名字，采用字符串类型。
        age 表示年龄，采用整数类型。
        *like 表示个人爱好，不定长参数，采用元组类型。
        sex 表示性别，采用字符串类型。
    '''
    print('--------------------- 个人介绍——{}----------------------
---------'.format(name))
    template = ' 姓名: {:<6s}\t 性别: {:<2s}\t 年龄: {:2d}\t'
    print(template.format(name,sex,age))
    print('【 ',name,'】的爱好有: ')
    # 元组形式，使用 for 循环进行遍历
    for item in like:
        print(item)
like1 = (' 读书 ',' 爬山 ',' 跑步 ')
# 不定长参数传入元组类型的数据 like1
personal_introduction(' 张三 ',23,*like1)
like2 = (' 健身 ',' 听音乐 ')
personal_introduction(' 李四 ',25,*like2)
like3 = (' 看电视 ',' 购物 ',' 看电影 ',' 旅游 ')
personal_introduction(' 王五 ',18,*like3,sex=' 女 ')
```

【代码 4-8】的运行结果如图 4-18 所示。

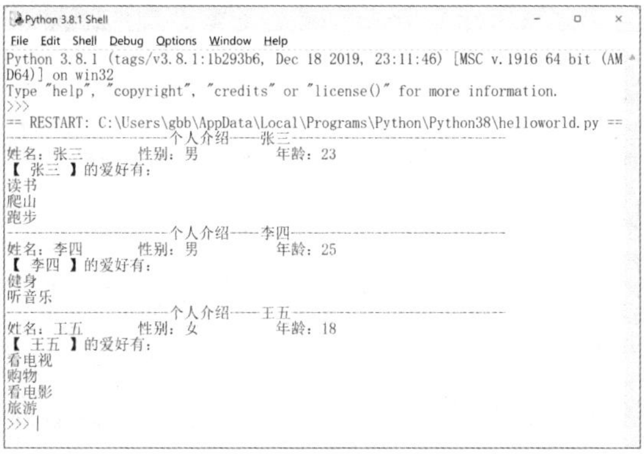

图 4-18　不定长参数的应用示例（1）——运行结果

笔记

2）**parameter

加两个星号"**"的不定长参数表示可以接收任意多个实际参数并将其放入一个字典，其应用示例如【代码4-9】所示。

【代码4-9】不定长参数的应用示例（2）

```python
# 不定长参数（**parameter）
def showscore(classname,**score):
    '''
    函数作用：打印某班级各学科的期末考试平均成绩。
    参数说明：
        classname 表示班级名称，采用字符串类型。
        **score 表示各学科的期末考试平均成绩，不定长参数，采用字典类型。
    '''
    print('--------',classname,'期末考试平均成绩 --------')
    # 字典形式，使用 for 循环进行遍历
    for key,value in score.items():
        print(key,':',value)
score1 = {'语文':68,'数学':82,'英语':80}
# 不定长参数传入字典类型的数据 score1
showscore('一年一班',**score1)
score2 = {'语文':68,'数学':82,'英语':80,'物理':80,'化学':86}
showscore('高三三班',**score2)
```

【代码4-9】的运行结果如图4-19所示。

图4-19　不定长参数的应用示例（2）——运行结果

5. 强制关键字参数

在函数调用过程中，还有一种强制关键字参数，如果在程序开发过程中需要限制关键字参数的名字，则可以使用这种参数。

强制关键字参数需要一个特殊分隔符"*"，用于将后面的参数强制设置为关键字参数。在调用函数时，分隔符"*"后面的参数必须给出名字，否则会发生 SyntaxError 错误，如图4-20和图4-21所示。

图 4-20　强制关键字参数的错误应用

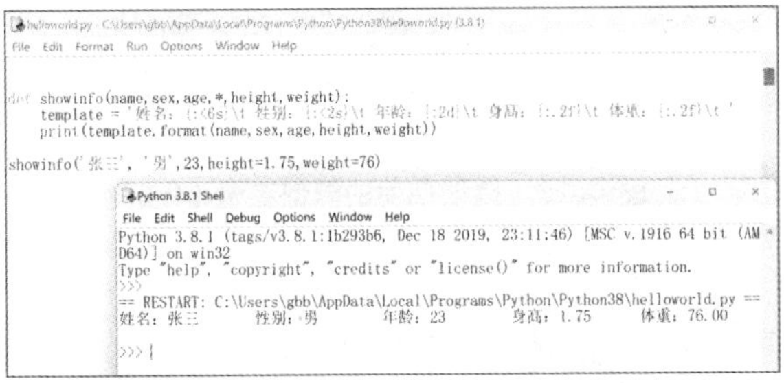

图 4-21　强制关键字参数的正确应用

笔记

4.2.3　变量的作用域

变量的作用域是指变量的有效区域，即变量在该区域内能被解释器识别，在超出该区域后，访问变量会报错。变量的作用域由变量的定义位置决定，在不同位置定义的变量，其作用域是不同的。根据变量的作用域，可以将变量分为局部变量和全局变量。

1．局部变量

局部变量是指在函数内定义并使用的变量，它的作用域仅限于函数内，在函数外使用会报错。如图 4-22 所示，因为 template 变量是在 showinfo() 函数内部定义的变量，所以在 showinfo() 函数外使用该变量会发生 NameError 错误。

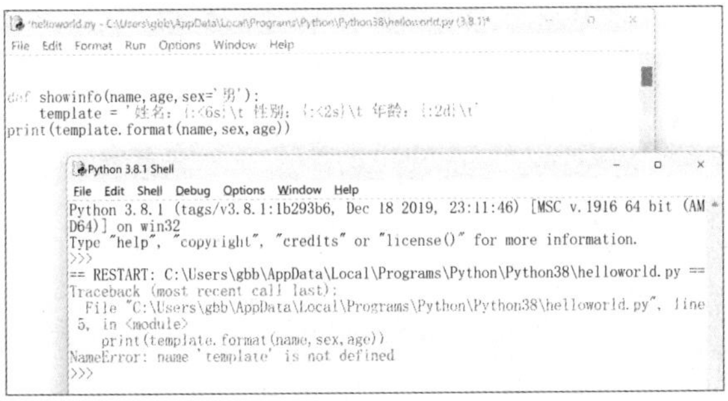

图 4-22　错误使用的局部变量（1）

笔记

需要注意的是，函数中的参数也属于局部变量，在函数外使用会报错，如图 4-23 所示。

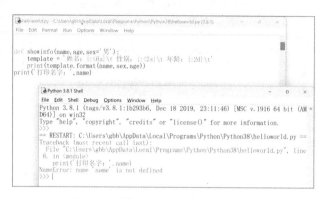

图 4-23　错误使用的局部变量（2）

2．全局变量

全局变量是指既能在函数内使用，又能在函数外使用的变量，如图 4-24 所示。

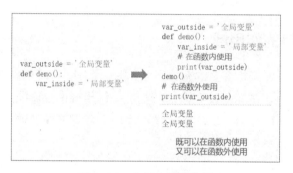

图 4-24　全局变量的使用

需要注意的是，如果要在函数内修改函数外定义的变量，则需要使用 global 关键字。global 关键字的应用示例如【代码 4-10】所示。

【代码 4-10】global 关键字的应用示例

```python
msg = '外部定义的消息'
def demo1():
    msg = '内部定义的消息'
def demo2():
    # 使用 global 关键字修改在函数外定义的变量
    global msg
    msg = '内部定义的消息'
```

调用函数 demo1() 和 demo2() 的结果如图 4-25 所示。

图 4-25　global 关键字的应用示例——运行结果

4.2.4　匿名函数与高阶函数

匿名函数是指没有名字的函数。与普通函数相比,匿名函数除了没有名字,功能也比较单一,不包括循环结构和 return 语句,通常只有一个表达式。高阶函数允许将函数作为参数传递给另一个函数,还允许返回一个函数。函数式编程就是指这种高度抽象的编程范式。在 Python 中,匿名函数通常在高阶函数中使用。

1. 匿名函数的定义与应用

在 Python 中,匿名函数又称为 lambda 表达式,使用 lambda 关键字定义,其语法格式如下:

```
result = lambda [arg1 [,arg2,...,argn]]:expression
```

匿名函数的参数及说明如表 4-6 所示。

表 4-6　匿名函数的参数及说明

参数	说明
result	【可选参数】主要用于调用 lambda 表达式
[arg1 [,arg2,...,argn]]	【可选参数】主要用于指定要传递的参数,可以传入多个参数,每个参数之间都使用英文逗号 "," 分隔
expression	主要用于指定一个实现具体功能的表达式

匿名函数的应用示例如【代码 4-11】所示。

【代码 4-11】匿名函数的应用示例

```
# 包含 1 个参数的匿名函数
result1 = lambda x:x*x
# 包含 2 个参数的匿名函数
result2 = lambda x,y:x*x+y*y
# 带条件判断的匿名函数
result3 = lambda x,y:y if x>=0 else -y
print('匿名函数 1: ',result1(2))
```

笔记

```
print('匿名函数2: ',result2(3,2))
print('匿名函数3: ',result3(-3,4))
```

【代码 4-11】的运行结果如图 4-26 所示。

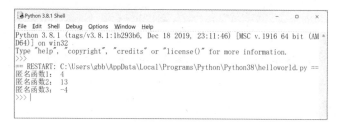

图 4-26　匿名函数的应用示例——运行结果

在【代码 4-11】中，分别使用变量 result1、result2 和 result3 接收匿名函数，方便后面对其进行调用。匿名函数最大的特点是不用起名字，所以在实际的程序开发过程中，单独使用匿名函数的情况较少，通常在高阶函数中使用匿名函数。

2．Python 中内置的高阶函数

Python 中的 sorted()、map()、filter() 等内置函数都是高阶函数。

1）sorted() 函数的定义与应用

sorted() 函数主要用于对所有可迭代对象进行排序，其语法格式如下：

```
sorted(iterable, key=None, reverse=False)
```

sorted() 函数的参数及说明如表 4-7 所示。

表 4-7　sorted() 函数的参数及说明

参数	说明
iterable	可迭代对象
key	【可选参数】主要用于指定排序规则，该参数可以使用匿名函数指定，默认值是 None，即默认按字母顺序或数字值的大小排序。要了解更多排序规则，读者可以自行查阅相关资料
reverse	【可选参数】主要用于指定排序规则，值为 True 表示降序，值为 False 表示升序，默认值为 False

sorted() 函数的应用示例如【代码 4-12】所示。

【代码 4-12】sorted() 函数的应用示例

```
list1 = ['张三','李四','王五','赵六']
list2 = [86,79,83,96]
score = dict(zip(list1,list2))
```

```
print('原字典: ',score)
# 对字典中的元素进行排序, 排序规则使用匿名函数指定
# 按照字典 score 中的值 ( 本例中的成绩 ) 进行降序排列
score2 = sorted(score.items(),key=lambda item:item[1], reverse=True)
print('-------- 按照成绩从高到低排序 ---------')
for item in score2:
    template = ' 姓名: {:<6s}\t 成绩: {:<4d}'
    print(template.format(item[0],item[1]))
```

【代码 4-12】的运行结果如图 4-27 所示。

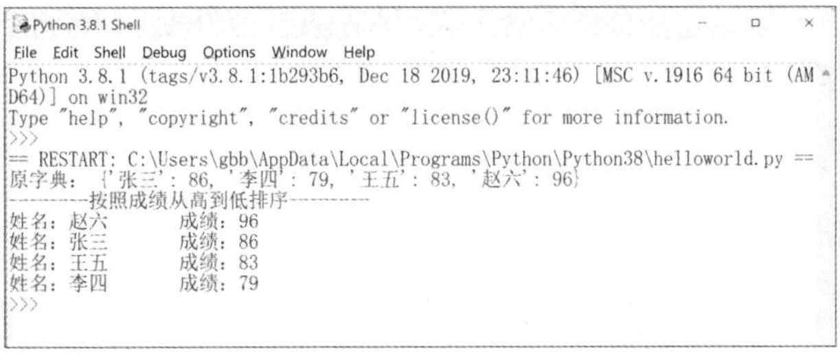

图 4-27　sorted() 函数的应用示例——运行结果

在【代码 4-12】中，sorted() 函数中的 key 参数是使用匿名函数指定的，表示按照成绩高低进行排序；将 reverse 参数的值设置为 True，表示进行降序排序。

2）map() 函数的定义与应用

map() 函数主要用十根据提供的函数对指定序列进行映射，其语法格式如下：

```
map(function, iterable, ...)
```

其中，function 参数是用于指定序列映射规则的函数，该参数可以使用匿名函数指定；iterable 参数主要用于指定序列，可以有多个。简而言之，map() 函数主要用于对传入的序列进行逐项处理，针对序列中的每项数据都使用传入的函数进行操作，最后生成一个迭代对象。

map() 函数的应用示例如【代码 4-13】所示。

【代码 4-13】map() 函数的应用示例

```
# 构建数据
list1 = list(range(1,10,2))
list2 = list(range(12,21,2))
print('原数据 1: ',list1)
```

```
print(' 原数据 2: ',list2)
# 使用 map() 函数——1 个序列
list3 = map(lambda x:x*x,list1)
print(' 使用 map() 函数 (1 个序列): ',list3)
print(' 将 map() 函数的返回值转成列表: ',list(list3))
# 使用 map() 函数——2 个序列
list4 = map(lambda x,y:x+y,list1,list2)
print(' 使用 map() 函数 (2 个序列): ',list4)
print(' 将 map() 函数的返回值转成列表: ',list(list4))
```

【代码 4-13】的运行结果如图 4-28 所示。

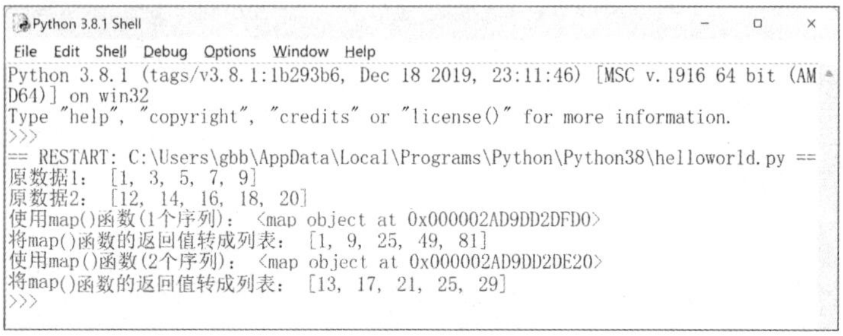

图 4-28 map() 函数的应用示例——运行结果

3）filter() 函数的定义与应用

filter() 函数主要用于过滤序列，即过滤出符合条件的元素，返回一个迭代器对象，其语法格式如下：

```
filter(function, iterable)
```

其中，function 参数是用于指定过滤条件的函数，该参数可以使用匿名函数指定；iterable 参数主要用于指定被过滤的序列。

filter() 函数的应用示例如【代码 4-14】所示。

【代码 4-14】filter() 函数的应用示例

```
# 构建数据
list1 = list(range(1,10))
print(' 原数据: ',list1)
# 使用 filter() 函数过滤出偶数
list2 = filter(lambda x:x%2==0,list1)
print(' 使用 filter() 函数: ',list2)
print(' 将 filter() 函数的返回值转成列表: ',list(list2))
```

【代码 4-14】的运行结果如图 4-29 所示。

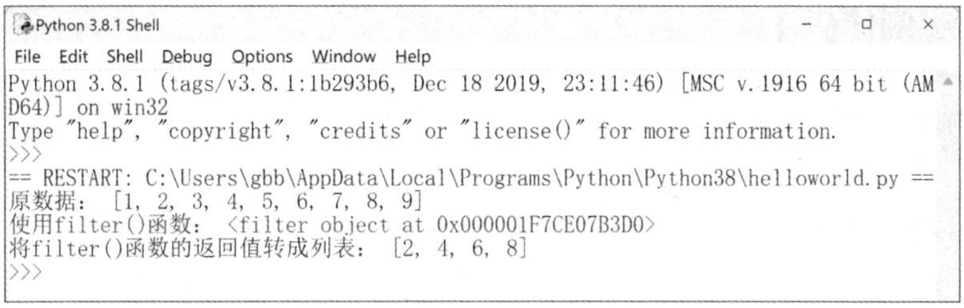

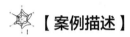

图 4-29 filter() 函数的应用示例——运行结果

4.2.5 案例 6：计算某公司销售员工的奖金

【案例描述】

某公司销售员工的年底奖金和销售员工的年度销售额强相关，计算方法如下。

- 当年度销售额不超过 10 万元时，奖金按照销售额的 2% 计算。

- 当年度销售额为 10 万元 ~ 20 万元（不包含 10 万）时，不超过 10 万元的部分按 2% 计提奖金，高于 10 万元的部分按 5% 计提奖金。

- 年度销售额为 20 万元 ~ 50 万元（不包含 20 万元）时，高于 20 万元的部分按 8% 计提奖金。

- 年度销售额为 50 万元 ~ 100 万元（不包含 50 万元）时，高于 50 万元的部分按 10% 计提奖金。

- 年度销售额超过 100 万元时，高于 100 万元的部分按照 15% 计提奖金。

【案例要求】

设计一个函数，用于计算该公司销售员工的奖金。在用户输入年度销售额后，使用该函数可以正确计算出奖金金额并将其输出。

【实现思路】

（1）定义一个用于计算奖金的函数。

（2）使用销售额作为该函数的参数。

（3）使用计算出来的奖金金额作为该函数的返回值。

【案例代码】

扫描左侧的二维码，可以查阅本案例的代码。

【运行结果】

本案例代码的运行结果如图 4-30 所示。

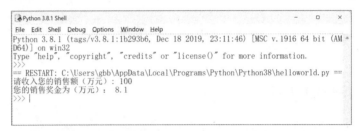

图 4-30　计算某公司销售员工的奖金——运行结果

【程序解析】

下面以年度销售额为 100 万元为例，看一下该程序是怎样运行的，如图 4-31 所示。

（1）用户输入 100，程序接收到用户输入的数据。

（2）调用用于计算奖金的 count_bonus(sales) 函数，将用户输入的数据作为 sales 参数（销售额）的值传入该函数，并且使用 bonus 变量接收返回值（奖金）。

（3）进入 count_bonus(sales) 函数，当 for 循环中 i 的值为 0、1、2 时，if 语句中的条件表达式值为 False，程序运行 else 语句中的代码。

（4）当 i 的值为 3 时，sales 参数的值为 50，此时 if 语句中的条件表达式值为 True，程序执行 if 语句中的代码，计算出 bonus 变量的值为 8.1，然后将 sales 参数的值设置为 0，执行 break 语句并退出循环。

（5）执行语句 "bonus+=sales*rates[-1]"，因为此时 sales 参数的值为 0，所以 bonus 变量的值仍然为 8.1。

（6）函数执行完毕，将程序的返回值赋值给 bonus 变量。

（7）使用 print() 函数输出奖金为 8.1 万元。

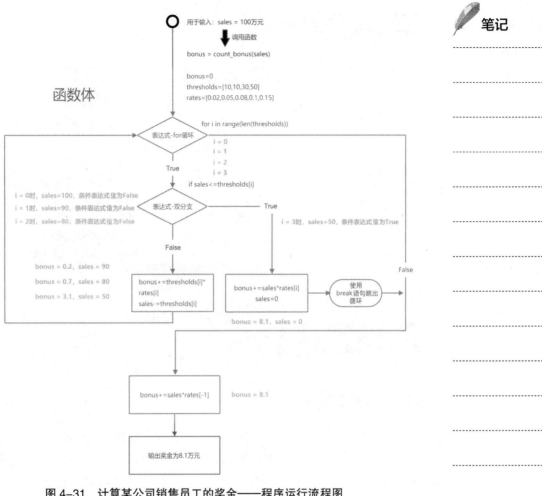

图4-31　计算某公司销售员工的奖金——程序运行流程图

4.2.6　小结回顾

📖【知识小结】

1．在使用有参数的函数时，需要通过参数进行数据传递。在定义函数时，函数名后面括号中的参数为形式参数；在调用函数时，函数名后面括号中的参数为实际参数。

2．在函数调用过程中，根据传递的参数类型，可以将参数分为位置参数、关键字参数、默认参数、不定长参数和强制关键字参数。

3．变量的作用域是指变量的有效区域，在超出该区域后，访问变量会报错。

笔记

📺【知识足迹】

```
                                                      ┌──────────────────┐
                                   ┌──────────────┐   │ 形式参数与实际参数 │
                              ┌────│ 4.2.1 函数的参数传递 │───┤                  │
                              │    └──────────────┘   │ 参数传递的分类      │
                              │                        └──────────────────┘
                              │                        ┌──────────────────┐
                              │                        │ 位置参数          │
                              │                        │ 关键字参数         │
                              │    ┌──────────────┐   │ 默认参数          │
                              │────│ 4.2.2 传递的参数类型 │───┤                  │
┌──────────────────┐         │    └──────────────┘   │ 不定长参数         │
│ 4.2 参数传递与变量的作用域 │────┤                        │ 强制关键字参数      │
└──────────────────┘         │                        └──────────────────┘
                              │    ┌──────────────┐   ┌──────────────────┐
                              │────│ 4.2.3 变量的作用域  │───┤ 局部变量          │
                              │    └──────────────┘   │ 全局变量          │
                              │                        └──────────────────┘
                              │    ┌──────────────┐   ┌──────────────────┐
                              │────│ 4.2.4 匿名函数与高阶函数 │─┤ 匿名函数的定义与应用  │
                              │    └──────────────┘   │ Python中内置的高阶函数 │
                              │    ┌─────────────────────┐ └──────────────────┘
                              └────│ 4.2.5 案例6：计算某公司销售员工的奖金 │
                                   └─────────────────────┘
```

4.3 本章回顾

🌱【本章小结】

　　本章主要分为两部分，第一部分主要介绍函数的基础知识，先介绍函数的定义与调用、函数的返回值、Python 中常用的内置函数，再使用"验证哥德巴赫猜想"案例演示函数的应用；第二部分主要介绍参数传递与变量的作用域，先介绍函数的参数传递、传递的参数类型、变量的作用域、匿名函数与高阶函数，再使用"计算某公司销售员工的奖金"案例进一步演示函数的应用。

🔍【综合练习】

　　1. 定义函数的关键字是（　　　）。

　　　　A．function　　　　　　　　　　B．def

　　　　C．return　　　　　　　　　　　D．define

　　2. 关于函数的定义与调用，以下描述错误的是（　　　）。

　　　　A．定义函数是指通过参数和函数体决定函数的功能，但函数并没有被执行，如果要执行该函数，则需要调用函数

　　　　B．在定义函数时，可以指定多个参数，参数之间使用英文逗号","分隔

C．定义一个什么都不干的函数，函数体中可以使用 pass 语句占位

D．为了保障开发规范，函数一定要有返回值

3．关于 Python 中常用的内置函数，以下描述错误的是（　　　）。

A．range() 函数主要用于产生一个序列，默认从 0 开始

B．all() 函数主要用于判断指定的可迭代参数中的所有元素是否都为 True，如果是，则返回 True，否则返回 False

C．round() 函数主要用于向上取整

D．help() 函数主要用于查看函数或模块的详细说明

4．以下不属于 Python 3 中内置函数的是（　　　）。

A．map()　　　　　　　　　　B．sorted()

C．reduce()　　　　　　　　　D．filter()

5．【多选】关于函数的参数传递，以下描述正确的有（　　　）。

A．在定义函数时，函数的形式参数不代表任何具体的值，只有在调用函数时，才会将实际参数传递给函数

B．如果在定义函数时，直接指定了参数的默认值，那么在调用函数时，即使没有传入该参数的值，程序也不会报错

C．位置参数需要确保参数数量和位置与定义时保持一致

D．使用关键字参数，在调用函数时，只需保证参数名正确，无须保证参数顺序与定义函数时的参数顺序保持一致

6．【多选】关于变量的作用域，以下描述正确的有（　　　）。

A．局部变量是指在函数内定义并使用的变量，它的作用域仅限于函数内，在函数外使用会报错

B．变量的作用域由变量的定义位置决定，在不同位置定义的变量，其作用域是不同的

C．全局变量是指既能在函数内使用，又能在函数外使用的变量

D．函数中的参数属于局部变量，在函数外使用不会报错

7．匿名函数的定义使用（　　　）关键字。

A．function　　　　　　　　　B．def

C．lambda　　　　　　　　　　D．define

8．列举 Python 中常用的内置函数（不少于 5 个），并且说明其作用。

笔记

第5章

面向对象

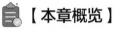

【本章概览】

在生活中，我们喜欢对事物进行分类，然后分别针对这些类目的特征（属性）和行为（方法）进行研究。

面向对象思想就是借鉴了生活中的这种经验，将具有相同属性和方法的事物封装为一个类。例如，学生 A 具有姓名、性别、年龄、班级等特征（属性），还具有上学、写作业等行为（方法），学生 B 也具有这些特征（属性）和行为（方法），因此可以将这些属性和方法封装为一个学生类。

本章主要介绍面向对象的相关概念及其基本使用方法。

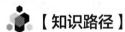

【知识路径】

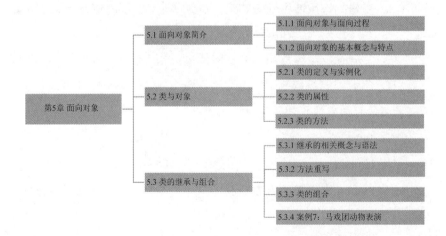

5.1　面向对象简介

面向对象（Object Oriented）是一种编程思想，是基于面向过程的编程思想逐步发展而来的。

5.1.1　面向对象与面向过程

面向过程就是分析出解决问题所需的步骤，然后使用函数将这些步骤逐步实现，在使用时依次调用即可。面向对象是将构成问题的事物分解成多个对象，创建对象的目的不是完成一个步骤，而是描述某个事物在解决问题的整个过程中的行为。面向对象是一种"自下而上"的程序设计方法，需要先设计组件，再进行拼装。与面向过程相比，面向对象具有更强的灵活性和可扩展性。

1．面向过程与面向对象示例

下面以剪刀石头布游戏为例，讲解面向过程和面向对象之间的区别。面向过程的设计思路是按照游戏步骤设计。

（1）开始游戏。

（2）玩家 1 出剪刀、石头或布。

（3）玩家 2 出剪刀、石头或布。

（4）根据玩家出的结果判断胜负。

（5）重复步骤（2）～（4），直到退出游戏。

面向对象的设计思路是，在整个游戏中，玩家 1 和玩家 2 的特征（属性）和行为（方法）一致，可以用玩家类表示；判断胜负可以用游戏规则类表示。程序的实现步骤如下。

（1）使用玩家类接收玩家出的结果，并且将其传递给游戏规则类。

（2）利用游戏规则类中的方法判断胜负。

从上面的案例可以看出，针对同一个问题，面向过程和面向对象解决问题的思路有很大差异，从面向过程到面向对象，不仅是编程方式的改变，还是思考方式的改变。

2．面向过程与面向对象之间的区别

面向过程注重步骤与过程，不注重职责与分工，开发简单的系统尚可，在开发需求复杂的大型系统时，代码会变得非常冗杂。面向对象注重职责与分工，在实现某个功能时，首先确定职责，然后根据职责确定不同的对象（在

对象内封装方法），最后根据业务需求让不同的对象调用不同的方法。

面向过程与面向对象之间的区别如表 5-1 所示。

表 5-1　面向过程与面向对象之间的区别

区别	面向过程	面向对象
编程方式	以过程 / 方法为中心的编程方式	以对象为中心的编程方式
数据传递	在过程之间相互传递数据	在对象之间相互传递数据
思考方式	在解决问题时，更关注数据结构、算法和执行步骤	在解决问题时，更关注对象及其职责
优势	适用于简单系统，容易理解	适用于大型、复杂的系统，易复用、易维护，可扩展性强
劣势	难以应对复杂系统，不易复用、不易维护，可扩展性弱	比较抽象，比面向过程的性能低

5.1.2　面向对象的基本概念与特点

1. 面向对象的基本概念

要学习面向对象编程（Object Oriented Programming，OOP），首先需要了解面向对象的基本概念。

1）对象

在 Python 中，一切皆为对象。对象可以表示任意事物，一个人、一只鸡、一朵花都可以用对象表示。对象具有唯一性，每个对象都有特征（属性）和行为（方法）。特征（属性）相当于对象的静态部分，是客观存在的，如人的名字、性别等；行为（方法）相当于对象的动态部分，即对象执行的动作，如吃饭、睡觉、工作等。

2）类

类是用于描述具有相同属性和方法的对象的集合。简单理解就是，类是对象的模板，将具有相同特征（属性）和行为（方法）的一类对象封装成了类，在类中可以对这类对象共有的特征（属性）和行为（方法）进行定义。例如，可以将狗定义为一个类，它的特征（属性）有嘴、眼睛、腿等，它的行为（方法）有睡觉、吃东西、摇尾巴等，而你邻居家养的小狗就是该类的一个对象。

3）实例化

实例化是指创建类的实例，即生成类的具体对象。例如，"狗"是一个类，你自己养的一只宠物狗就是类实例化后的一个具体对象。

2．类和对象之间的关系

类和对象之间的关系如下。

- 类是对象的模板，对象是类的实例。
- 类是抽象的，对象是具体的。
- 所有对象都是某个类的实例。

3．面向对象程序设计的特点

面向对象程序设计具有三大特点：封装、继承、多态。

1）封装

封装是面向对象程序设计的核心思想，就是将客观事物封装成抽象的类，并且只让可信的类或对象操作自己的数据和方法，对不可信的类或对象进行信息隐藏。封装一般包括两层含义，第一层是将具有相同属性和行为的对象封装成类，第二层是将不需要让外界知道的信息隐藏起来。采用封装思想，可以确保类内部数据的完整性。

封装的优点如下。

- 良好的封装可以降低耦合度。
- 可以自由修改类的内部结构。
- 可以保护成员属性，不让类外的程序直接对其进行访问和修改。
- 可以隐藏信息和功能的实现细节。

2）继承

继承是面向对象程序设计的基石，是实现代码复用的重要手段。继承是指子类继承父类的属性和方法，使子类对象（实例）具有父类的属性和方法。子类不仅可以继承父类的属性和方法，还可以定义自己的属性和方法。继承的优点如下。

- 提高类中代码的复用性。
- 提高代码的可维护性。
- 使类和类之间产生联系，是多态的前提。

3）多态

多态是指同类型的变量（存在继承关系）在执行同一个方法时，因子类重写该方法而产生不同的执行结果。

多态的存在需要具备以下三个条件。

笔记

- 存在继承，继承是多态的基础，没有继承就没有多态。
- 在子类中重写父类中的方法。在多态环境中会调用子类重写的方法。
- 存在父类引用指向子类对象的情况。通过将父类引用指向子类对象，可以实现对子类对象的多态调用。

5.1.3 小结回顾

📖【知识小结】

1．面向对象可以将构成问题的事物分解成多个对象，创建对象不是为了完成一个步骤，而是为了描述某个事物在解决问题的整个过程中的行为。面向对象是一种"自下而上"的程序设计方法，需要先设计组件，再进行拼装。

2．面向过程注重步骤与过程，不注重职责与分工；面向对象注重职责与分工，在实现某个功能时，首先确定职责，然后根据职责确定不同的对象（在对象内封装方法），最后根据业务需求让不同的对象调用不同的方法。

3．封装是面向对象程序设计的核心思想，就是将客观事物封装成抽象的类，并且只让可信的类或对象操作自己的数据和方法，对不可信的类或对象进行信息隐藏。

4．继承是面向对象程序设计的基石，是实现代码复用的重要手段。继承是指子类继承父类的属性和方法，使子类对象（实例）具有父类的属性和方法。子类不仅可以继承父类的属性和方法，还可以定义自己的属性和方法。

5．多态是指同类型的变量（存在继承关系）在执行同一个方法时，因子类重写该方法而产生不同的执行结果。

📊【知识足迹】

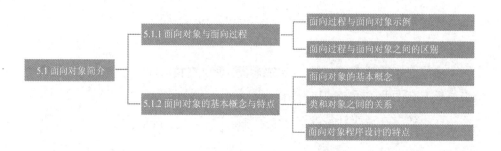

5.2　类与对象

5.2.1　类的定义与实例化

1．类的定义

在生活中，先有对象，再有类；而在程序中，先有类，再有对象。在 Python 中，使用 class 关键字定义类，其语法格式如下：

```
class ClassName:
    statement
```

定义类的参数及说明如表 5-2 所示。

表 5-2　定义类的参数及说明

参数	说明
ClassName	用于指定类名，一般采用大驼峰法命名，也就是说，当类名由一个或多个单词构成时，每个单词的首字母都采用大写格式，其他字母都采用小写格式，如 Student、MathTeacher 等
statement	类体，由属性、方法等组成，如果在定义类时暂时没想好其具体功能，则可以先使用 pass 语句占位

类的定义示例如【代码 5-1】所示。

【代码 5-1】类的定义示例

```
class Student:
    # 学生类
    # 没有想好具体功能，使用 pass 语句占位
    pass
```

在定义类时，可以为其添加说明文档。说明文档放在字符串中，通常位于类内部、所有代码前面，可以通过内置的 help() 函数或 __doc__ 属性获取说明文档中的内容（和函数的说明文档类似），示例如图 5-1 所示。

```
help(Student)
Help on class Student in module __main__:

class Student(builtins.object)
 |  学生类
 |
 |  Data descriptors defined here:
 |
 |  __dict__
 |      dictionary for instance variables (if defined)
 |
 |  __weakref__
 |      list of weak references to the object (if defined)


student.__doc__
'学生类'
```

图 5-1　查看类的说明文档示例

笔记

2．类的实例化

在定义好类后，相当于有了一个模板，但没有对象。对象是通过类的实例化创建的。实例化类的语法格式如下：

```
ClassName(parameterlist)
```

其中，ClassName 为类名，parameterlist 为参数列表。在实例化类时，ClassName 是必须指定的，是否指定 parameterlist，要结合 __init__() 方法中的参数进行判定。

3．创建 __init__() 方法

__init__() 方法类似于 Java 中的构造方法，在实例化类时，会自动调用该方法。__init__() 方法中必须包含一个 self 参数，并且该参数必须是第一个参数，如果没有指定 self 参数，那么在实例化类时会报错，示例如图 5-2 所示。

图 5-2　没有指定 self 参数

self 参数是一个指向当前类的对象的引用，主要用于访问当前类中的属性和方法。当 __init__() 方法中只有一个 self 参数时，在实例化类时不需要指定参数，因为调用 __init__() 方法时会自动传递 self 参数，如图 5-3 所示。

图 5-3　只指定 self 参数

在 __init__() 方法中，除了可以指定 self 参数，还可以自定义其他参数，示例如【代码 5-2】所示。

【代码 5-2】 __init__() 方法的应用示例

```
class Student:
    # 定义 __init__() 方法，有其他参数
    def __init__(self,name,sex,age):
        print('学生类')
        template = '姓名：{:<6s}\t 性别：{:<2s}\t 年龄：{:2d}\t'
        print(template.format(name,sex,age))
# 实例化
zs = Student('张三','男',24)
ls = Student('李四','男',28)
ww = Student('王五','女',23)
```

【代码 5-2】的运行结果如图 5-4 所示。

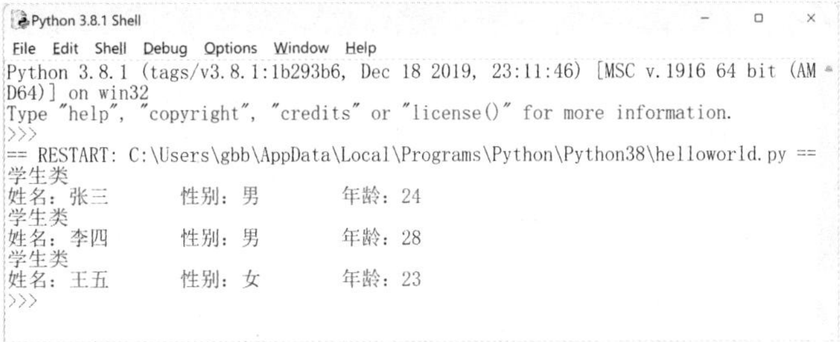

图 5-4　__init__() 方法的应用示例——运行结果

5.2.2　类的属性

属性是在类中定义的变量，有时也称为特征，即类中客观存在的静态部分。根据属性定义的位置，可以将属性分为类属性和实例属性。

1. 类属性与实例属性

类属性是在类的方法外定义的属性，实例属性是在类的方法内定义的属性。类属性可以在类的所有对象之间共享值，实例属性只能作用于当前对象。

类属性与实例属性的应用示例如【代码 5-3】所示。在 Student 类的 __init__() 方法外定义的属性 grade 为类属性，在 Student 类的 __init__() 方法内定义的属性 name、sex 和 age 为实例属性。

笔记

【**代码 5-3**】类属性与实例属性的应用示例

```
class Student:
    # 类属性grade
    grade = '一年级'
    # 实例属性 name、sex、age
    def __init__(self,name,sex,age):
        self.name = name
        self.sex = sex
        self.age = age
# 实例化
zs = Student('张三','男',24)
ww = Student('王五','女',23)
```

类属性可以通过类名或对象名访问，示例如图 5-5 所示。

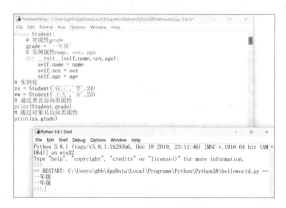

图 5-5　访问类属性示例

类属性需要通过类名修改。类属性在被修改后，会作用于该类的所有对象，示例如图 5-6 所示。

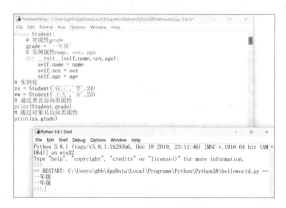

图 5-6　修改类属性示例

实例属性只能通过对象名访问，使用类名访问会报错，示例如图5-7所示。

图 5-7　访问实例属性示例

实例属性可以通过对象名修改。修改一个对象的实例属性，并不影响其他对象的实例属性，示例如图 5-8 所示。

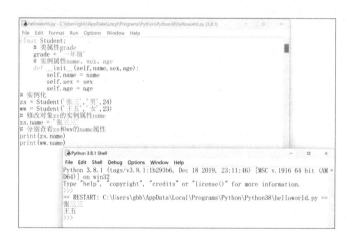

图 5-8　修改实例属性示例

2. 属性的访问权限

类的属性根据外部对其的访问权限，可以分为 3 种，分别为公有属性、保护属性和私有属性，如表 5-3 所示。

表 5-3　属性的访问权限

分类	说明
公有属性	不以下画线开头的属性是公有属性，可以在类的外部直接访问，在类的内部以"self. 属性名"的方式访问

续表

分类	说明
保护属性	以单下画线 "_" 开头的属性是保护属性，只有该类本身及其子类可以访问，访问方式为 "对象名._XX"
私有属性	以双下画线 "__" 开头的属性是私有属性，只有该类本身可以访问，其子类不能访问；不能通过类的对象直接访问，访问方式为 "对象名._类名__XX"

下面我们定义一个 Person 类进行说明，如【代码 5-4】所示。

【代码 5-4】定义 Person 类

```
# 定义类
class Person:
    def __init__(self,n,a,h,w):
        # 公有属性：名字
        self.name = n
        # 保护属性：年龄
        self._age = a
        # 私有属性：身高
        self.__height = h
        # 私有属性：体重
        self.__weight = w
# 实例化
zs = Person(' 张三 ',24,1.75,70)
ls = Person(' 李四 ',28,1.83,76)
```

在【代码 5-4】中，name 是公有属性，age 是保护属性，可以直接使用对象名访问，如图 5-9 所示。

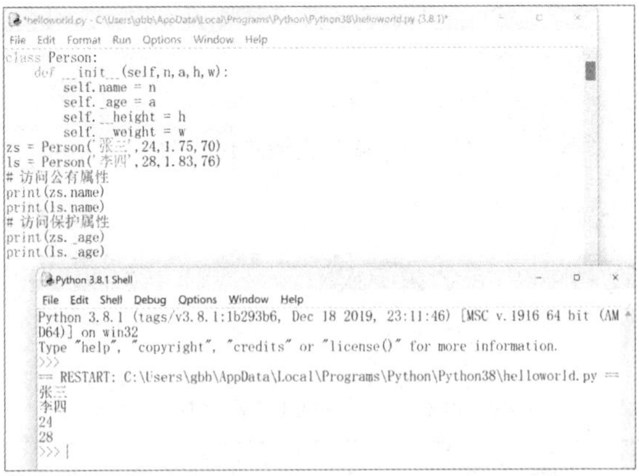

图 5-9 访问公有属性与保护属性

height 和 weight 是私有属性，能够以 "对象名._类名__XX" 的方式访问，直接使用对象名访问会报错，如图 5-10 和图 5-11 所示。

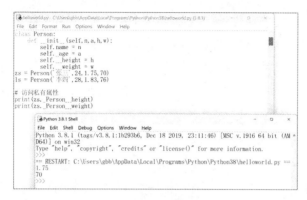

图 5-10　访问私有属性的正确方式

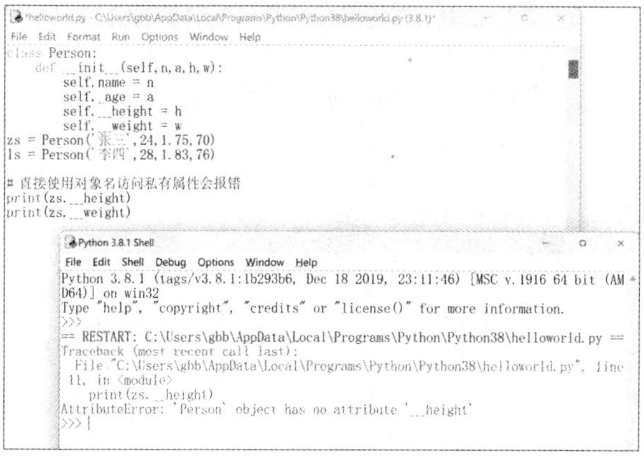

图 5-11　访问私有属性的错误方式

在实际的程序开发过程中，为了避免客户端直接对属性进行修改，我们一般将属性设置为私有属性，然后使用 set() 方法设置属性值，使用 get() 方法获取属性值，示例如图 5-12 所示。

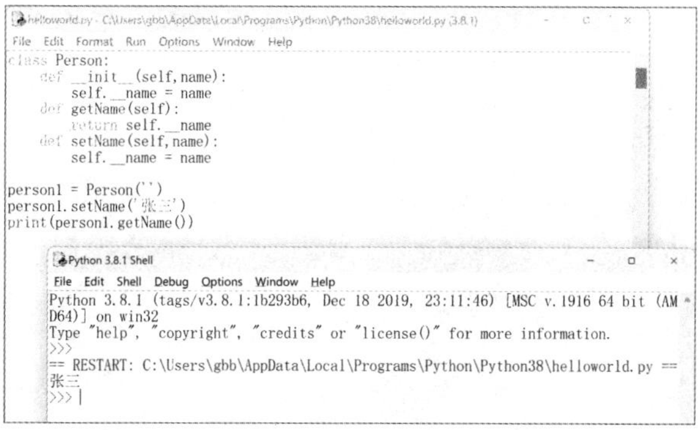

图 5-12　set() 方法和 get() 方法的应用示例

5.2.3 类的方法

在 5.2.1 节中，我们已经接触过类的方法，即 __init__() 方法。__init__() 方法主要用于初始化一个对象，在进行类的实例化时会自动调用该方法。如果一个类中没有提供 __init__() 方法，那么 Python 会提供一个默认的 __init__() 方法。

1．实例方法

__init__() 方法在类内部有特殊的功能，属于特殊方法。此外，我们还可以在类中自定义其他方法。__init__() 方法是一种在类的对象上操作的函数，所以称为实例方法。实例方法的第一个参数必须是 self，其语法格式如下：

```
def functionName(self,parameterlist):
    block
```

其中，functionName 为方法名，一般使用小驼峰法命名；self 表示类的实例；parameterlist 主要用于指定除 self 外的其他参数；block 是用于实现具体功能的方法体。

实例方法的应用示例如【代码 5-5】所示。

【代码 5-5】实例方法的应用示例

```python
# 定义类
class Person:
    def __init__(self,n,a,h,w):
        self.name = n
        self.age = a
        self.__height = h
        self.__weight = w
    # 定义实例方法
    def get_BMI(self):
        # 访问私有属性
        BMI = self.__weight/self.__height**2
        return BMI
    # 定义实例方法
    def judge_BMI(self,BMI):
        if(BMI<18.5):
            print('您太瘦了，多吃点吧')
        elif(BMI>=24):
            print('您超重了，请注意饮食哦')
        else:
```

```
            print('您的体重正常，请注意保持')
# 实例化
zs = Person('张三',24,1.75,70)
# 访问实例方法
zs_BMI = zs.get_BMI()
template = ' 姓名: {:<6s}\t BMI: {:.2f}\t'
print(template.format(zs.name,zs_BMI))
# 访问实例方法
zs.judge_BMI(zs_BMI)
```

【代码 5-5】的运行结果如图 5-13 所示。

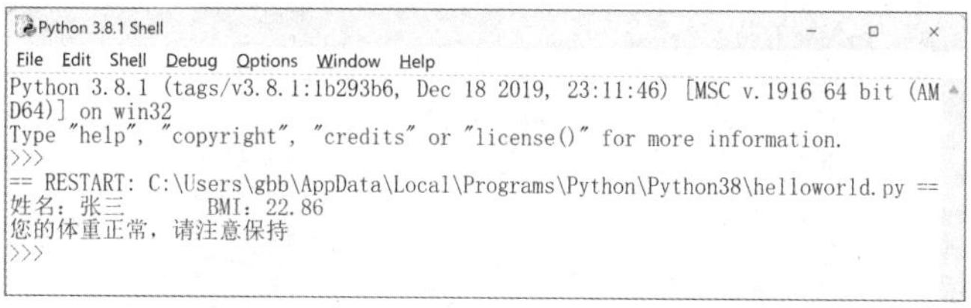

图 5-13　实例方法的应用示例——运行结果

2．实例方法的访问权限

实例方法根据外部对其的访问权限，可以分为 3 种，分别为公有方法、保护方法和私有方法，如表 5-4 所示。

表 5-4　实例方法的访问权限

分类	说明
公有方法	不以下画线开头的方法是公有方法，可以在类的外部直接访问
保护方法	以单下画线 "_" 开头的方法是保护方法，只有该类本身及其子类可以访问，访问方式为 "实例名._protected_methods()"
私有方法	以双下画线 "__" 开头的方法是私有方法，只能在该类的内部调用，不能在该类的外部调用，访问方式为 "self.__private_methods()"

下面我们修改之前定义的 Person 类，分别定义公有方法、保护方法和私有方法，如【代码 5-6】所示。

【代码 5-6】定义 Person 类中的实例方法

```
class Person:
    def __init__(self,name,sex,age,height,weight):
        self.name = name
        self._sex = sex
        self.__age = age
        self.__height = height
```

笔记

```python
        self.__weight = weight
    # 定义公有方法
    def getInfo(self):
        print('-------- 个人信息——{}--------'.format(self.name))
        template = ' 姓名: {:<6s}\t 性别: {:<2s}\t 年龄: {:<2d}\t'
        print(template.format(self.name,self._sex,self.__age))
    # 定义保护方法
    def _get_BMI1(self):
        BMI = self.__weight/self.__height**2
        return BMI
    # 定义私有方法
    def __get_BMI2(self):
        BMI = self.__weight/self.__height**2
        return BMI
    # 在公有方法中调用私有方法
    def judge_BMI(self):
        # 访问私有方法
        BMI = self.__get_BMI2()
        if(BMI<18.5):
            print('您太瘦了，多吃点吧')
        elif(BMI>=24):
            print('您超重了，请注意饮食哦')
        else:
            print('您的体重正常，请注意保持')
```

在将类实例化后，可以直接访问公有方法，如图 5-14 所示。

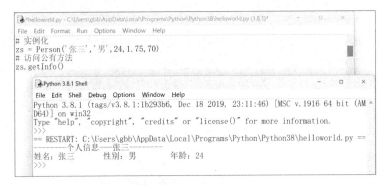

图 5-14 访问公有方法

可以通过单下画线访问保护方法，如图 5-15 所示。

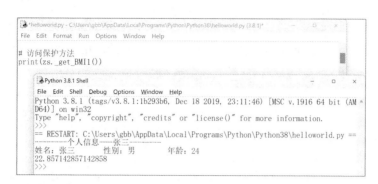

图 5-15　访问保护方法

不能在类外部访问私有方法，不然会报错，如图 5-16 所示。

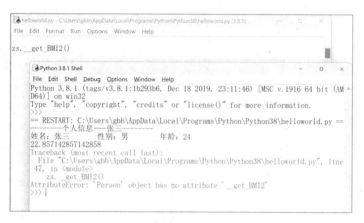

图 5-16　访问私有方法的错误方式

在公有方法 judge_BMI() 中，使用代码 "BMI = self.__get_BMI2()" 访问私有方法 __get_BMI2()。调用 judge_BMI() 方法，运行结果如图 5-17 所示。

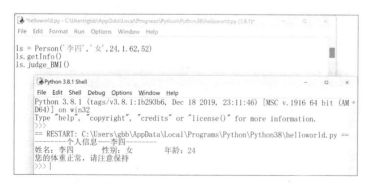

图 5-17　访问私有方法的正确方式

3. 类方法与静态方法

除了前面介绍的实例方法，类的方法还包括类方法和静态方法。

笔记

1）类方法

类方法使用装饰器 @classmethod 修饰。类方法的第一个参数必须是当前类的对象（一般约定为 "cls"），通过该参数传递类的属性和方法。类和对象都可以调用类方法。类方法的应用示例如【代码5-7】所示。

【代码5-7】类方法的应用示例

```python
class Student:
    count = 0
    def __init__(self,name,sex,age):
        self.name = name
        self.sex = sex
        self.age = age
        Student.count += 1
    # 定义类方法
    @classmethod
    def countStudent(cls):
        print(' 类方法 ')
        print(' 学生人数为: ',cls.count)
# 实例化
zs = Student(' 张三 ',' 男 ',24)
ls = Student(' 李四 ',' 男 ',28)
# 调用类方法
Student.countStudent()
zs.countStudent()
```

【代码5-7】的运行结果如图5-18所示。

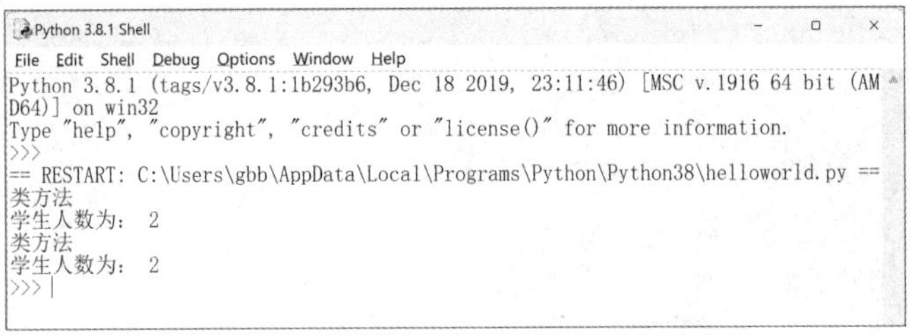

图5-18　类方法的应用示例——运行结果

需要注意的是，类方法中一定要有 cls 参数，如果不提供该参数，那么系统会报错，示例如图5-19所示。

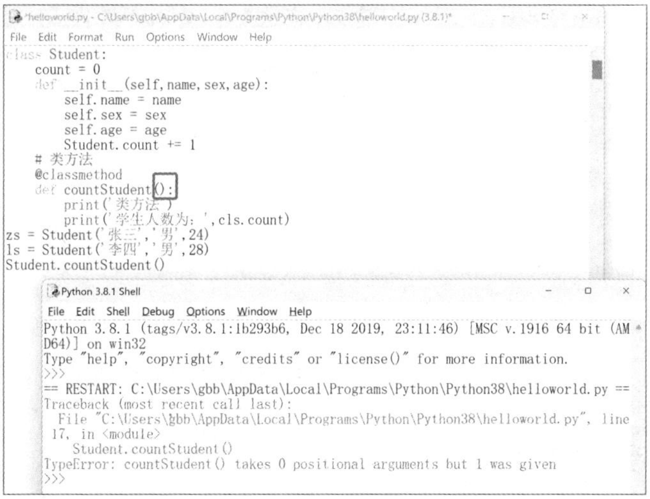

图 5-19　错误使用类方法的示例

2）静态方法

静态方法使用装饰器 @staticmethod 修饰。静态方法与普通方法类似，不需要 self 参数和 cls 参数。一个类的所有对象都共享静态方法。类和对象都可以调用静态方法。下面我们将【代码 5-7】中的类方法修改为静态方法，示例如【代码 5-8】所示。

【代码 5-8】静态方法的应用示例

```python
class Student:
    count = 0
    def __init__(self,name,sex,age):
        self.name = name
        self.sex = sex
        self.age = age
        Student.count += 1
    # 定义静态方法
    @staticmethod
    def countStudent():
        print(' 静态方法 ')
        print(' 学生人数为: ',Student.count)
# 实例化
zs = Student(' 张三 ',' 男 ',24)
ls = Student(' 李四 ',' 男 ',28)
# 调用静态方法
Student.countStudent()
```

笔记

```
ls.countStudent()
```

【代码 5-8】的运行结果如图 5-20 所示。

```
Python 3.8.1 Shell                                          —    □    ×
File  Edit  Shell  Debug  Options  Window  Help
Python 3.8.1 (tags/v3.8.1:1b293b6, Dec 18 2019, 23:11:46) [MSC v.1916 64 bit (AM
D64)] on win32
Type "help", "copyright", "credits" or "license()" for more information.
>>>
== RESTART: C:\Users\gbb\AppData\Local\Programs\Python\Python38\helloworld.py ==
静态方法
学生人数为：  2
静态方法
学生人数为：  2
>>>
```

图 5-20   静态方法的应用示例——运行结果

【知识拓展】

装饰器

在 Python 中，装饰器主要用于提供额外的功能。@classmethod 和 @staticmethod 都是 Python 的内置装饰器。此外，@property 也是比较常用的内置装饰器，它能以访问属性的方式获取函数的返回值。装饰器 @classmethod、@staticmethod 和 @property 都是用在类方法上的。

5.2.4   小结回顾

【知识小结】

1．在 Python 中，使用 class 关键字定义类。

2．对象是通过类的实例化创建的。在实例化类时，会自动调用 __init__() 方法。

3．类属性是在类的方法外定义的属性，实例属性是在类的方法内定义的属性。类属性可以在类的所有对象之间共享值，实例属性只能作用于当前对象。

4．类的属性根据外部对其的访问权限，可以分为公有属性、保护属性和私有属性。

5．实例方法的访问权限与类的属性的访问权限类似，可以分为公有方法、保护方法和私有方法。

6．类方法使用装饰器 @classmethod 修饰。类方法的第一个参数必须是当前类的对象（一般约定为"cls"），通过该参数传递类的属性和方法。类和对象都可以调用类方法。

7. 静态方法使用装饰器 @staticmethod 修饰。静态方法与普通方法类似，不需要 self 参数和 cls 参数。一个类的所有对象都共享静态方法。类和对象都可以调用静态方法。

【知识足迹】

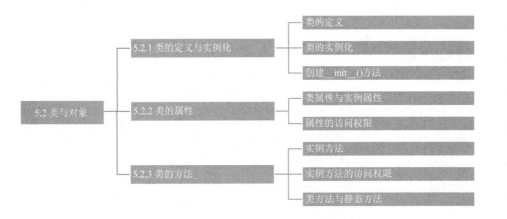

5.3　类的继承与组合

继承是实现代码复用的重要手段。当要编写的类和之前已经使用过的类有很多属性和方法相同，并且存在一定的继承关系时，可以通过继承达到代码复用的目的。例如，在前面使用过的 Person 类和 Student 类中，Student 类可以继承 Person 类。

5.3.1　继承的相关概念与语法

1. 父类与子类

要了解继承，首先要了解父类与子类的概念。与生活中的父子关系类似，父类是指直接或间接被继承的类，子类是指通过继承派生出来的新类。在 Python 中，Object 类是所有类的父类。

继承这个特性来源于生活，我们每个人都从人类祖先那里继承了说话、走路等行为，从父辈那里继承了相貌、身高等特征。除此之外，我们每个人都拥有只属于自己的特征和行为。

在 Python 中，父类和子类的关系如下。

- 子类继承父类中的属性和方法。
- 子类可以在父类的基础上额外添加属性和方法。
- 子类可以重写父类中的方法。
- 一个子类可以有多个父类，即多重继承。

2. 继承的语法

在 Python 中，继承的语法格式如下：

```
class ChildClassName(ParentClassNameList):
    statement
```

继承的参数及说明如表 5-5 所示。

表 5-5　继承的参数及说明

参数	说明
ChildClassName	用于指定子类名称，采用大驼峰法命名
ParentClassNameList	用于指定要继承的父类，可以有多个，类名之间使用英文逗号 "," 分隔
statement	类体，由属性、方法等语句组成。如果在定义类时暂时没想好具体功能，则可以先使用 pass 语句占位

下面我们先定义一个 Animal 类作为父类，再定义一个 Dog 类和一个 Cat 类，使其继承 Animal 类，如【代码 5-9】所示。

【代码 5-9】继承的应用

```
# 父类
class Animal:
    classname = '动物'
    def __init__(self,hair='短毛',leg='四条腿'):
        self.hair = hair
        self.leg = leg
        template = '名字: {:<6s}\t 毛发: {:<2s}\t 腿: {:<2s}\t'
        print(template.format(self.classname,hair,leg))
# 子类 Dog 继承自 Animal 类
# 重新定义类属性 classname
class Dog(Animal):
    classname = '狗'
    # 新增方法
    def skill(self):
        print(self.classname,' 的技能: 摇尾巴 ')
# 子类 Cat 继承自 Animal 类
```

```
# 重新定义类属性 classname
class Cat(Animal):
    classname = ' 猫 '
animal = Animal()
dog = Dog()
dog.skill()
cat = Cat(' 长毛 ')
```

【代码 5-9】的运行结果如图 5-21 所示。

```
Python 3.8.1 Shell                                        –    □    ×
File  Edit  Shell  Debug  Options  Window  Help
Python 3.8.1 (tags/v3.8.1:1b293b6, Dec 18 2019, 23:11:46) [MSC v.1916 64 bit (AM
D64)] on win32
Type "help", "copyright", "credits" or "license()" for more information.
>>>
== RESTART: C:\Users\gbb\AppData\Local\Programs\Python\Python38\helloworld.py ==
名字: 动物       毛发: 短毛       腿: 四条腿
名字: 狗        毛发: 短毛       腿: 四条腿
狗 的技能: 摇尾巴
名字: 猫         毛发: 长毛       腿: 四条腿
>>> |
```

图 5-21　继承的应用——运行结果

5.3.2　方法重写

子类会继承父类中的方法，当父类中的某个方法不适用于子类时，子类可以对其进行重写。如果子类不重写父类中的方法，那么在实例化子类时，会自动调用父类中定义的方法，示例如【代码 5-10】所示。在【代码 5-10】中，子类 Dog 没有重写父类中的 __init__() 方法，在实例化该类时，自动调用了父类中的 __init__() 方法。

【代码 5-10】子类未重写父类中的方法示例

```
class Animal:
    def __init__(self,name,shout):
        self.name = name
        self.shout = shout
        print(' 父类构造方法 ')
class Dog(Animal):
    pass
dog = Dog(' 狗 ', ' 汪汪汪 ')
```

【代码 5-10】的运行结果如图 5-22 所示。

笔记

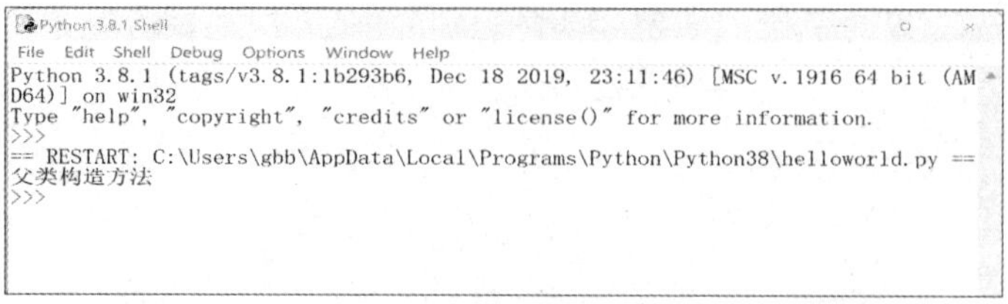

图 5-22　子类未重写父类中的方法示例——运行结果

　　如果子类重写了父类中的方法，那么在实例化子类时，通常会直接调用子类重写的方法，示例如【代码 5-11】所示。在【代码 5-11】中，子类 Dog重写了父类中的 __init__() 方法，在实例化该类时，调用的是该类重写的 __init__() 方法。

【代码 5-11】子类重写父类中的方法示例

```
class Animal:
    def __init__(self,name,shout):
        self.name = name
        self.shout = shout
        print(' 父类构造方法 ')
class Dog(Animal):
    def __init__(self):
        print(' 子类构造方法 ')
dog = Dog()
```

【代码 5-11】的运行结果如图 5-23 所示。

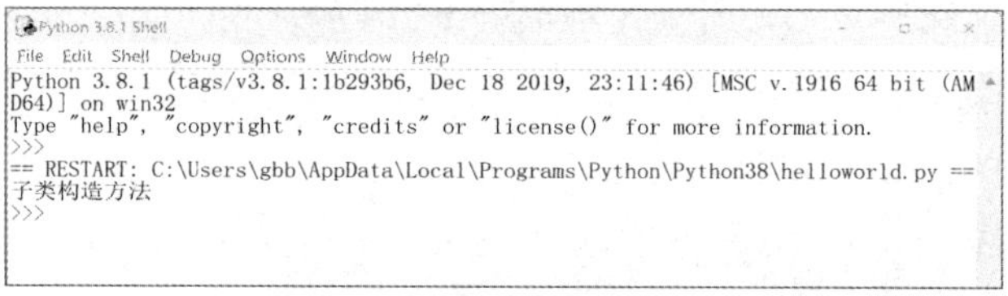

图 5-23　子类重写父类中的方法示例——运行结果

　　需要注意的是，在子类中重写父类中的方法后，如果需要调用父类中的该方法，则需要使用 super() 函数显式地调用。

　　方法重写的应用示例如【代码 5-12】所示。

【代码 5-12】方法重写的应用示例

```
class Animal:
    def __init__(self,name,shout):
        self.name = name
        self.shout = shout
```

```
        print('父类构造方法')
    def info(self):
        template = '名字：{:<4s}\t 叫声：{:<2s}\t'
        print(template.format(self.name,self.shout))
    def personality(self):
        print('每种动物都很独特')
class Dog(Animal):
    # 重写 __init__() 方法
    def __init__(self,name,shout):
        # 显式调用父类中的 __init__() 方法
        super().__init__(name,shout)
        print('子类构造方法')
    # 重写父类中的方法
    def personality(self):
        print('狗是群居动物，外向又爱凑热闹')
class Cat(Animal):
    # 重写父类中的方法
    def personality(self):
        print('猫是独居动物，高傲而独立')
dog = Dog('狗','汪汪汪')
# 调用父类中定义的方法
dog.info()
# 调用子类中重写的方法
dog.personality()
cat = Cat('猫','喵喵喵')
cat.info()
cat.personality()
```

【代码 5-12】的运行结果如图 5-24 所示。

```
Python 3.8.1 Shell                                          —    □    ×
File  Edit  Shell  Debug  Options  Window  Help
Python 3.8.1 (tags/v3.8.1:1b293b6, Dec 18 2019, 23:11:46) [MSC v.1916 64 bit (AM
D64)] on win32
Type "help", "copyright", "credits" or "license()" for more information.
>>>
== RESTART: C:\Users\gbb\AppData\Local\Programs\Python\Python38\helloworld.py ==
父类构造方法
子类构造方法
名字：狗          叫声：汪汪汪
狗是群居动物,外向又爱凑热闹
父类构造方法
名字：猫          叫声：喵喵喵
猫是独居动物,高傲而独立
>>>
```

图 5-24　方法重写的应用示例——运行结果

笔记

根据【代码 5-12】及其运行结果,可以发现以下几点。

- 子类 Dog 重写了 __init__() 方法和 personality() 方法。在重写 __init__() 方法时,因为需要使用父类中的 __init__() 方法,所以使用代码 "super().__init__(name,shout)" 进行显式调用。

- 子类 Cat 重写了 personality() 方法,没有重写 __init__() 方法,在实例化该类时,自动调用了父类中的 __init__() 方法。

- 实例化对象 dog 和 cat 都调用了父类中定义的 info() 方法和各自重写的 personality() 方法,返回结果都不同。

5.3.3 类的组合

代码复用不仅可以通过继承实现,还可以通过类的组合实现。类的组合是指在一个类中将另一个类的对象作为数据属性。如果类之间有显著的不同之处,并且一个大类由多个小类组成,则可以使用类的组合。例如,我们工作、生活中接触最多的计算机,它有品牌、颜色、内存、硬盘、操作系统等信息,我们可以将这些信息分成基本信息、硬件信息、操作系统信息等。因此,计算机类中包含基本信息类、硬件信息类、操作系统信息类。类的组合应用示例如【代码 5-13】所示。

【代码 5-13】类的组合应用示例

```python
# 基本信息类
class Basic_info:
    def __init__(self,brand,color,price):
        self.brand = brand
        self.color = color
        self.price = price
    def show(self):
        print('【基本信息】')
        template = '品牌: {:<4s}\t 颜色: {:<2s}\t 价格: {:<2d}\t'
        print(template.format(self.brand,self.color,self.price))
# 硬件信息类
class Hardware:
    def __init__(self,memory,cpu,disk,monitor):
        self.memory = memory
        self.cpu = cpu
```

```
        self.disk = disk
        self.monitor = monitor
    def show(self):
        print('【硬件信息】')
        template = '内存: {:<2s}\t CPU: {:<2s}\t 硬盘: {:<2s}\t 显示器:
{:<2s}\t'
        print(template.format(self.memory,self.cpu,self.
disk,self.monitor))
# 操作系统信息类
class OS:
    def __init__(self,company,name):
        self.company = company
        self.name = name
    def show(self):
        print('【操作系统信息】')
        template = ' 公司: {:<2s}\t 名字: {:<2s}\t'
        print(template.format(self.company,self.name))
# 计算机类
class Computer:
    def __init__(self,basic_info,hardware,os):
        self.basic_info = basic_info
        self.hardware = hardware
        self.os = os
    def show(self):
        print('----------------------- 计算机信息 ------------------
------')
        self.basic_info.show()
        self.hardware.show()
        self.os.show()
basic_info = Basic_info(' 联想 ',' 白色 ',3500)
hardware = Hardware('16G','i5','1T','14.5寸 ')
os = OS(' 微软 ','Windows 2010')
# 使用对象作为属性，实例化计算机类
computer = Computer(basic_info,hardware,os)
# 获取计算机信息
computer.show()
```

【代码 5-13】的运行结果如图 5-25 所示。

笔记

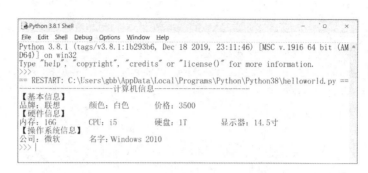

图 5-25　类的组合应用示例——运行结果

在实际的程序开发过程中，我们可以根据业务需求，将继承、组合两种方式结合使用。

5.3.4　案例 7：马戏团动物表演

 【案例描述】

马戏团的英文为 Circus，源自拉丁文 "圆圈"，是指圆形露天竞技场。现代的马戏团也在圆形场地中演出，因此 Circus 演变成 "马戏团" 的意思。马戏的主要内容是动物表演，之所以被称为 "马戏"，是因为最早表演的主角是马，后来才陆续出现其他动物演员。

 【案例要求】

模拟马戏团的运行流程，可以查看动物演员的基本信息（马戏团中的动物演员包括但不限于猴子、狮子、海豚等）、随机观看表演、按顺序观看表演等。

💡 【实现思路】

（1）定义一个 Animal 类，并且将其作为父类。

（2）分别定义 Monkey 类、Lion 类和 Dolphin 类，使其继承 Animal 类。

（3）定义一个动物操作类 AnimalOperation，查看动物演员的基本信息、随机观看表演、按顺序观看表演等方法都在该类中定义。

【案例代码】

扫描右侧的二维码，可以查阅本案例的代码。

【运行结果】

本案例代码的运行结果如图 5-26 所示。

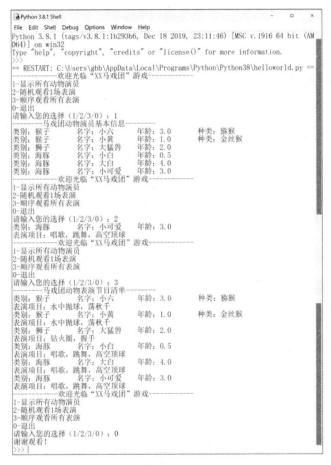

图 5-26　马戏团动物表演——运行结果

5.3.5　小结回顾

【知识小结】

1．父类是指直接或间接被继承的类，子类是指通过继承派生出来的新类。

2．子类会继承父类中的方法，当父类中的某个方法不适用于子类时，子类可以对其进行重写。

3．如果子类不重写父类中的方法，那么在实例化子类时，会自动调用父类中定义的方法。在子类中重写父类中的方法后，如果需要调用父类中的该方法，则需要使用 super() 函数显式地调用。

4．代码复用不仅可以通过继承实现，还可以通过类的组合实现。类的组合是指在一个类中将另一个类的对象作为数据属性。

【知识足迹】

5.4　本章回顾

 【本章小结】

本章共分为 3 部分，第一部分主要介绍面向对象的基础知识，包括面向对象与面向过程之间的区别、面向对象的基本概念与特点等；第二部分主要介绍类与对象的相关知识，包括类的定义与实例化、类的属性、类的方法等；第三部分主要介绍类的继承与组合，先介绍继承的相关概念与语法、方法重写、类的组合，再使用"马戏团动物表演"案例演示类的继承与组合的应用。

【综合练习】

1．【多选】关于面向对象，以下描述正确的有（　　　）。

    A．面向对象（Object Oriented）是一种编程思想，是基于面向过程的编程思想逐步发展而来的

B．面向对象是将构成问题的事物分解成多个对象，创建对象的目的不是完成一个步骤，而是描述某个事物在解决问题的整个过程中的行为

C．面向对象是一种"自下而上"的程序设计语言，需要先设计组件，再完成拼装

D．面向对象适用于简单系统，容易理解

2．【多选】关于面向过程，以下描述正确的有（　　　）。

A．面向过程就是分析出解决问题所需的步骤，然后使用函数将这些步骤逐步实现，在使用时依次调用即可

B．面向过程是以过程 / 方法为中心的编程方式

C．面向过程难以应对复杂系统，不易复用、不易维护，可扩展性弱

D．面向过程注重步骤与过程，不注重职责与分工

3．【多选】关于类与对象，以下描述正确的有（　　　）。

A．类是用于描述具有相同属性和方法的对象的集合

B．类是对象的模板，对象是类的实例

C．实例化是指创建类的实例，即生成类的具体对象

D．类是抽象的，对象是具体的

4．【多选】关于面向对象程序设计的特点，以下描述正确的有（　　　）。

A．封装是面向对象程序设计的核心思想

B．继承是实现代码复用的重要手段

C．多态是指同类型的变量（存在继承关系）在执行同一个方法时，因子类重写该方法而产生不同的执行结果

D．继承可以提高代码的复用性和可维护性

5．【多选】关于类属性与实例属性，以下描述正确的有（　　　）。

A．类属性是在类的方法外定义的属性，实例属性是在类的方法内定义的属性

B．类的所有对象之间不可以共享类属性的值

C．类属性可以通过类名或对象名访问

D．实例属性只能通过对象名访问

笔记

6. 【多选】关于类属性的访问权限，以下描述正确的有（　　　）。

   A. 不以下画线开头的属性是公有属性，可以在类的外部直接访问

   B. 以单下画线 "_" 开头的属性是保护属性，只有该类本身及其子类可以访问

   C. 以双下画线 "__" 开头的属性是私有属性，只有该类本身可以访问，其子类不能访问

   D. 私有属性不能通过类的对象直接访问，访问方式为 "对象名 ._XX"

7. 定义类的关键字是（　　　）。

   A. function   B. def

   C. class   D. define

8. 关于 __init__() 方法，以下描述错误的是（　　　）。

   A. __init__() 方法类似于 Java 中的构造方法，在实例化类时会自动调用该方法

   B. __init__() 方法中必须包含一个 self 参数，并且该参数必须是第一个参数

   C. 当 __init__() 方法中只有一个 self 参数时，在实例化类时仍然需要指定该参数

   D. self 参数是一个指向当前类的对象的引用，主要用于访问当前类中的属性和方法

9. 关于类的方法，以下描述错误的是（　　　）。

   A. 类方法使用装饰器 @classmethod 修饰

   B. 静态方法使用装饰器 @staticmethod 修饰

   C. 类方法不需要有 self 参数和 cls 参数

   D. 一个类的所有对象都共享静态方法，类和对象都可以调用静态方法

10. 关于继承，以下描述错误的是（　　　）。

    A. 父类是指直接或间接被继承的类，子类是指通过继承派生出来的新类

    B. 子类可以在父类的基础上额外添加属性和方法

    C. 子类可以重写父类中的方法

D．在 Python 中，一个子类只能有一个父类

11. 关于方法重写，以下描述错误的是（　　　）。

　　A．子类会继承父类中的方法，当父类中的某个方法不适用于子类时，子类可以对其进行重写

　　B．在子类中重写父类中的方法后，如果需要调用父类中的该方法，则需要使用 super() 显式地调用

　　C．如果子类不重写 __init__() 方法，那么在实例化子类时，会自动调用父类中定义的 __init__() 方法

　　D．子类一定要重写父类中的 __init__() 方法

12. 关于类的组合，以下描述错误的是（　　　）。

　　A．类的继承和组合不能一起使用

　　B．类的继承和组合都是实现代码复用的重要手段

　　C．类的组合是指在一个类中以另一个类的对象作为数据属性

　　D．当一个大类由多个小类组成时，可以使用类的组合

13. 简述面向对象与面向过程之间的区别。

第6章

模块

【本章概览】

模块相当于将某个功能封装起来，在使用时，只需将其直接导入，无须关心具体的实现。模块不仅可以提高程序开发效率，还可以避免重复"造轮子"。我们之前接触的函数和类都涉及封装思想，可以将模块理解为比它们更大的容器，能够封装更复杂的功能。

下面来看一个生活中的例子，在有洗衣机前，人们都是用手洗衣服的，既累又耗时，在有了洗衣机后，只需将衣服和洗衣液放入洗衣机，在衣服洗好后，将其取出来晾晒，无须关心洗衣机是怎样工作的。这里的洗衣机就相当于一个模块，它可以提供洗衣服、甩干等功能，人们只需将洗衣机买回家（导入模块），然后选择使用某个功能。

在 Python 中，经常与模块一起被提及的还有包和库，本章主要介绍模块、包和库的基本概念，常用的标准库模块，基于第三方库的爬虫应用。

【知识路径】

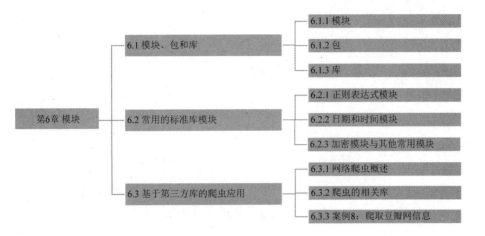

6.1　模块、包和库

在程序开发过程中，我们经常接触模块、包、库等概念，这些概念简单理解就是函数、类、变量等可以封装在模块中，多个模块可以封装到包中，多个包可以封装到库中。

6.1.1　模块

1. 模块及其导入方式

我们在第 1 章就接触过模块的概念，那么什么是模块呢？简而言之，模块就是一个包含许多功能 / 方法的文件，也就是说，可以将每个 .py 文件都看作一个模块。模块中可以包含代码块、类、函数及它们的组合。

导入模块的常用方式有 3 种，分别使用 import 语句、from...import 语句和 from...import * 语句。

1）import 语句

import 语句主要用于导入整个模块，支持导入多个模块，其语法格式如下：

```
import module1[,module2[,...,moduleN]]
```

下面以之前使用过的随机生成整数的函数 randint() 为例进行讲解。因为 randint() 函数位于 random 模块中，所以在使用 randint() 函数前，需要使用代码"import random"导入 random 模块，如图 6-1 所示。

图 6-1 使用 import 语句导入 random 模块

如果在使用 randint() 函数前没有导入 random 模块，则会发生 NameError 错误，提示 "name 'random' is not defined"，如图 6-2 所示。

图 6-2 在未导入模块的情况下使用模块中的函数

因为使用 import 语句导入的是整个模块，所以需要以 "模块名.函数名" 的方式调用函数。此外，我们可以使用 as 关键字对导入的模块进行重命名，如图 6-3 所示。

图 6-3 使用 as 关键字对导入的模块进行重命名

2）from...import 语句

使用 from...import 语句可以导入模块中的一个或多个函数，其语法格式如下：

```
from module import name1[,name2[,...,nameN]]
```

使用这种模块导入方式，可以直接使用函数名调用函数。下面仍然以 randint() 函数为例进行讲解。使用代码"from random import randint"导入 random 模块中的 randint() 函数，如图 6-4 所示。

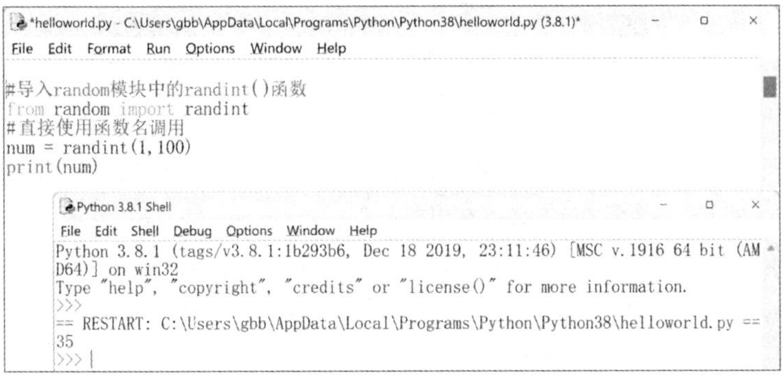

图 6-4　使用 from...import 语句导入 random 模块中的 randint() 函数

3）from...import * 语句

使用 from...import * 语句可以导入一个模块中的所有内容，示例如图 6-5 所示。

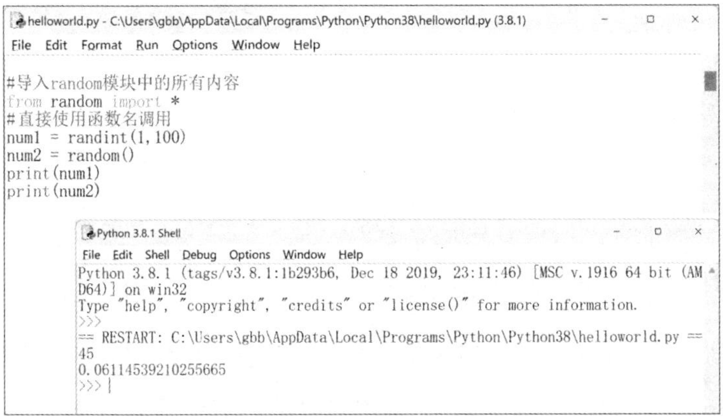

图 6-5　使用 from...import * 语句导入 random 模块中的所有内容

2．自定义模块

自定义模块是指根据业务需求自行定义的模块。Jupyter Notebook 对自定义模块的支持不是很友好，因此为了讲解自定义模块的使用方法，我们使用安装 Anaconda 时自带的另一个工具 Spyder 进行演示，如图 6-6 所示。

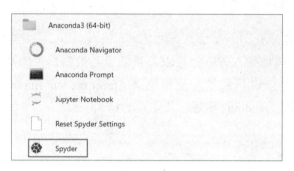

图 6-6　Spyder 工具

打开 Spyder 工具，首先在本地计算机中的合适位置新建一个 test_module 文件夹，然后在该文件夹中新建一个 animal_act.py 文件（在菜单栏中选择 File → New File 命令），再将 5.3.4 节中的案例代码粘贴进去，最后单击运行按钮，查看控制台中的输出结果是否正常，如图 6-7 所示。

图 6-7　在 Spyder 中运行 animal_act.py 文件

这里的 animal_act.py 文件就是一个自定义模块。要导入自定义模块，分为两种情况，分别为在同级目录下导入和在非同级目录下导入。

1）在同级目录下导入

在同级目录下导入自定义模块，可以使用 import 语句直接导入。下面举例进行说明。在自定义模块 animal_act.py 的同级目录 test_module 下新建一个 test.py 文件，此时如果要在 test.py 文件中导入自定义模块 animal_act.py，则可以使用 import 语句直接导入，如图 6-8 所示。

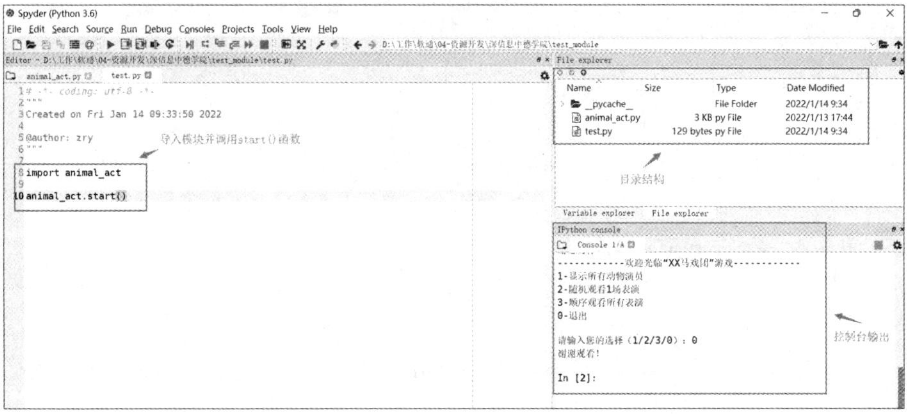

笔记

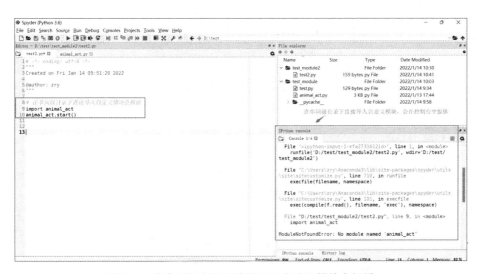

图 6-8　在同级目录下导入自定义模块并调用该模块中的函数

2）在非同级目录下导入

在非同级目录下导入自定义模块，直接使用 import 语句是找不到该模块的，需要借助 sys 模块导入自定义模块的路径。

下面举例进行说明。我们在 test_module 文件夹的同级目录下新建一个 test_module2 文件夹，然后在 test_module2 文件夹中新建一个 test2.py 文件。此时，如果我们要在 test2.py 文件中导入自定义模块 animal_act.py，那么直接导入会报错，如图 6-9 所示。

图 6-9　在非同级目录下直接导入自定义模块会报错

在非同级目录下导入自定义模块的正确方式如【代码 6-1】所示。

【代码 6-1】在非同级目录下导入自定义模块的正确方式

```python
# 在非同级目录下导入自定义模块，需要借助 sys 模块导入自定义模块的路径
# 1- 导入 sys 模块
import sys
# 2- 导入自定义模块的路径
sys.path.append(r'D:\test\test_module')
# 3- 导入自定义模块
import animal_act
# 调用方法
animal_act.start()
```

单击运行按钮，即可正常运行 animal_act.py 文件中的 start() 方法，运行结果如图 6-10 所示。

图 6-10　在非同级目录下导入自定义模块的正确方式——运行结果

6.1.2　包

1. 什么是包

在 Python 中，包是一个分层次的文件目录结构，它是由模块、子包、子包下的子包等组成的 Python 应用环境。简而言之，包就是文件夹，但是该文件夹中必须包含 __init__.py 文件（ __init__.py 文件中的内容可以为空），也就是使用 __init__.py 文件标识当前文件夹是否为一个包。

__init__.py 文件的作用如下。

● 是与普通目录的区别标识，用于标识当前文件夹是否为一个包。

- 编写代码，定义类、函数、变量等。

2．包的应用

下面我们使用 Spyder 工具演示包的应用方法。首先打开 Spyder 工具，在本地计算机中的合适位置新建一个 testpackage 文件夹；然后在该文件夹中新建一个空的 __init__.py 文件（在 Spyder 工具的菜单栏中选择 File → New File 命令，即可新建 .py 文件），将 testpackage 文件夹标识为包；最后分别创建 testpackage1.py 文件和 testpackage2.py 文件。此时，testpackage 包中的目录结构如图 6-11 所示。

图 6-11　testpackage 包中的目录结构

testpackage1.py 文件和 testpackage2.py 文件中的代码分别如图 6-12 和图 6-13 所示。

图 6-12　testpackage1.py 文件中的代码

图 6-13　testpackage2.py 文件中的代码

我们在 testpackage 包的外面新建一个 usepackage.py 文件，在该文件中导入 testpackage 包中的模块并使用其中的函数，如【代码 6-2】所示。

【代码 6-2】usepackage.py 文件中的代码

```
# 导入 testpackage 包中的模块
from testpackage import testpackage1,testpackage2
# 使用模块中的函数
```

笔记

```
testpackage1.showinfo()
testpackage2.showinfo()
```

运行 usepackage.py 文件中的代码，运行结果如图 6-14 所示。

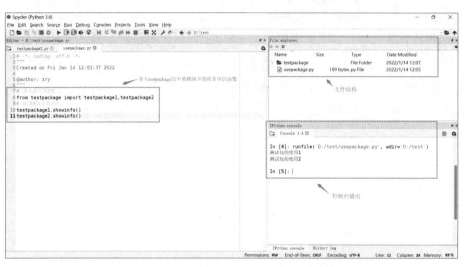

图 6-14　usepackage.py 文件中代码的运行结果

6.1.3　库

库是为了方便管理与安装，将能够实现某些功能的模块和包封装得到的集合。根据库是否已经包含在 Python 官方安装包中，可以将其分为标准库和第三方库。

1．标准库与常用的标准库模块

标准库是指在 Python 官方安装包中包含的库，在安装 Python 后，就会具有这些库。标准库中的模块就是标准库模块，常用的标准库模块如表 6-1 所示。

表 6-1　常用的标准库模块

模块	功能介绍
sys	提供一个和 Python 解释器交互的接口，用于和 Python 解释器进行交互
os	提供一个对操作系统进行调用的接口，用于和操作系统进行交互
random	用于生成随机数
math	提供一些与数学函数有关的方法
re	正则表达式模块，用于匹配字符串
time	时间模块，包括 3 种时间格式，分别为时间戳、时间元组、格式化时间

续表

模块	功能介绍
hashlib	提供加密的相关操作，包括 MD5 加密和 SHA 加密，支持 MD5、SHA1、SHA224、SHA256、SHA384、SHA512 等算法

　　2．第三方库

　　第三方库是指 Python 官方安装包中不包含的库。第三方库中的模块就是第三方模块，如果要使用第三方模块，则需要先安装第三方库。第三方库可以在命令行窗口中使用 pip 命令在线安装，也可以先下载相应的第三方库安装程序，再进行安装。

　　Python 的一大优势就是具有丰富且易用的第三方库，省去了大量重复"造轮子"的时间。常用的第三方库有用于处理图像的 Pillow 库、用于处理 URL 资源的 Requests 库、用于进行数据可视化的 Matplotlib 库等。

【温馨提示】

　　在实际的程序开发过程中，建议在文件开头将所有用到的模块导入，并且按照标准库模块、第三方模块、自定义模块的顺序进行导入。

6.1.4　小结回顾

【知识小结】

　　1．模块就是一个包含许多功能 / 方法的文件，也就是说，可以将每个 .py 文件都看作一个模块。模块中可以包含代码块、类、函数及它们的组合。

　　2．导入模块的常用方式有 3 种，分别使用 import 语句、from...import 语句和 from...import * 语句。

　　3．在 Python 中，包是一个分层次的文件目录结构，它是由模块、子包、子包下的子包等组成的 Python 应用环境。需要注意的是，包中必须包含 __init__.py 文件。

　　4．库是为了方便管理与安装，将能够实现某些功能的模块和包封装得到的集合。

　　5．根据库是否已经包含在 Python 官方安装包中，可以将其分为标准库和第三方库。

笔记

【知识足迹】

6.2 常用的标准库模块

在实际的程序开发过程中，我们会经常使用标准库模块。例如，要实现字符串匹配功能，可以使用 re 模块；要实现时间的相关功能，可以使用 time 模块、datetime 模块；要实现数学运算功能，可以使用 math 模块；要实现加密功能，可以使用 hashlib 模块。下面对上述模块进行介绍。

6.2.1 正则表达式模块

1．正则表达式

正则表达式主要用于匹配字符串中的字符组合。使用正则表达式，可以检查一个字符串中是否包含某个子字符串，替换匹配的子字符串，从某个字符串中截取符合所需条件的子字符串，等等。正则表达式主要由普通字符、元字符、重复限定符等组成。普通字符包含大写英文字母、小写英文字母、数字等，主要用于匹配自身。正则表达式可以是单个字符，也可以是由上述字符任意组合形成的字符集合。

1）元字符

元字符是构造正则表达式的基本元素。常用的元字符如表 6-2 所示。

表 6-2　常用的元字符

元字符	说明
^	匹配字符串的开始部分
$	匹配字符串的结束部分
.	匹配除换行符外的任意一个字符
\b	匹配单词边界，即单词的开始部分或结束部分

续表

元字符	说明
\B	匹配非单词边界，即单词的中间部分
\d	匹配一个数字字符
\D	匹配一个非数字字符
\n	匹配一个换行符
\r	匹配一个回车符
\s	匹配任意空白字符，包括空格、制表符、换页符等
\S	匹配任意非空白字符
\w	匹配字母、数字、下画线或汉字
\W	匹配除字母、数字、下画线、汉字外的字符

在了解了元字符后，我们就可以开始写一些简单的正则表达式了，如 11 位手机号码的正则表达式可以采用以下形式。

```
^1\d\d\d\d\d\d\d\d\d$
```

2）重复限定符

上面表示手机号码的正则表达式中有很多重复的元字符 "\d"。为了解决这个问题，正则表达式中提供了重复限定符。常用的重复限定符如表 6-3 所示。

表 6-3　常用的重复限定符

重复限定符	说明
*	匹配前面的字符零次或多次
+	匹配前面的字符一次或多次
?	匹配前面的字符零次或一次
{n}	匹配前面的字符 n 次（n 为非负整数）
{n,}	匹配前面的字符至少 n 次（n 为非负整数）
{n,m}	匹配前面的字符 n ~ m 次（n 和 m 均为非负整数，并且 n≤m）

使用重复限定符，可以将前面的 11 位手机号码的正则表达式写成以下的形式。

```
^1\d{10}$
```

3）分组

在正则表达式中，可以使用英文小括号 "()" 进行分组，也就是将英文小括号中的内容作为一个整体。因此，181 号段手机号码的正则表达式可以采用以下形式。

```
^(181)\d{8}$
```

4）选择字符

下面仍然以手机号码为例进行讲解。大家都知道，我国的手机号码来自

笔记

电信、联通、移动这三大运营商，并且每个运营商提供的号段都是不一样的。以电信手机号码为例，其号段有 199、191、189、181、180、177、173、153 和 133。要编写电信手机号码的正则表达式，需要使用选择字符 "|" 实现，具体如下:

```
^(199|191|189|181|180|177|173|153|133)\d{8}$
```

5）区间

在正则表达式中，使用英文中括号 "[]" 表示区间条件。例如，可以将数字 0 ~ 9 写成 [0-9]，可以将字母 a ~ z 写成 [a-z]。需要注意的是，字符 "^" 在区间中不再表示匹配字符串的开始部分，而是表示排除，即匹配不在区间范围内的字符，如 [^6] 表示除 6 以外的字符。

6）转义字符

在正则表达式中，英文点号 "." 表示任意一个字符。在需要单纯地使用英文点号 "." 时，就需要用到转义字符了。正则表达式中的转义字符就是在特殊字符之前加上反斜杠 "\"，将其变为普通字符，如 IP 地址（如 127.0.0.1、192.168.1.1 等）的正则表达式可以采用以下形式。

```
[1-9]{1,3}(\.[0-9]{1,3}){3}
```

2．使用 re 模块进行正则表达式的相关操作

Python 中的 re 模块主要用于进行正则表达式的相关操作。下面介绍 re 模块中常用的属性和方法。

1）re 模块中常用的标志位修饰符

re 模块中的标志位修饰符主要用于控制正则表达式的匹配方式，如不区分大小写、多行匹配等，如表 6-4 所示。

表 6-4　re 模块中常用的标志位修饰符

标志位修饰符	说明
re.I	大小写不敏感
re.M	多行匹配，影响 "^" 和 "$" 符号
re.S	使英文点号 "." 可以匹配包括换行符在内的所有字符
re.A	根据 ASCII 码解析 "\w" "\W" "\b" "\B" 等字符
re.U	根据 Unicode 码解析 "\w" "\W" "\b" "\B" 等字符
re.X	忽视正则表达式中未转义的空格和注释

2）re 模块中的常用方法

① compile() 方法。

re.compile() 方法主要用于优化正则表达式，它可以将正则表达式转换为对象，多次调用正则表达式相当于重复利用这个正则表达式对象，可以实现

更高效的匹配。使用 compile() 方法生成的正则表达式对象需要和 match()、search() 和 findall() 等方法搭配使用，单独使用没有意义。

compile() 方法的基本语法格式如下：

```
re.compile(pattern, flags=0)
```

compile() 方法的应用示例如下：

```
pattern = re.compile('Python')
```

② match() 方法。

match() 方法主要用于从字符串的开始位置进行匹配，即匹配以指定的正则表达式开头的字符串，其基本语法如下：

```
re.match(pattern,string[,flags])
```

match() 方法的参数及说明如表 6-5 所示。

表 6-5 match() 方法的参数及说明

参数	说明
pattern	匹配的正则表达式
string	要匹配的字符串
flags	【可选参数】标志位修饰符，用于控制正则表达式的匹配方式，取值见表 6-4

使用 match() 方法进行匹配，如果匹配成功，则返回一个 Match 对象，否则返回 None，示例如图 6-15 所示。

```
import re
pattern = re.compile('python', re.I)
string1 = 'Python是一门编程语言'
string2 = '人生苦短，就用Python'
match1 = re.match(pattern, string1)
match2 = re.match(pattern, string2)
print(match1)
print(match2)

<re.Match object; span=(0, 6), match='Python'>
None
```

图 6-15　match() 方法的应用示例（1）

在图 6-15 所示的应用示例中，我们使用了标志位修饰符 re.I 忽略字母的大小写，如果将 re.I 删除，那么运行结果会返回 2 个 None，如图 6-16 所示。

```
import re
pattern = re.compile('python')
string1 = 'Python是一门编程语言'
string2 = '人生苦短，就用Python'
match1 = re.match(pattern, string1)
match2 = re.match(pattern, string2)
print(match1)
print(match2)

None
None
```

图 6-16　match() 方法的应用示例（2）

③ search() 方法。

search() 方法主要用于扫描整个字符串并返回第一个与指定的正则表达式匹配的对象，即匹配第一次出现的指定的正则表达式，其语法格式与 match() 方法的语法格式类似。

使用 search() 方法进行匹配，如果匹配成功，则返回一个 Match 对象，否则返回 None，示例如图 6-17 所示。

```
import re
pattern = re.compile('python',re.I)
string1 = 'Python是一门编程语言'
string2 = '人生苦短，就用Python'
match1 = re.search(pattern, string1)
match2 = re.search(pattern, string2)
print(match1)
print(match2)

<re.Match object; span=(0, 6), match='Python'>
<re.Match object; span=(7, 13), match='Python'>
```

图 6-17　search() 方法的应用示例

观察图 6-16 和图 6-17 的运行结果，可以看出 match() 方法和 search() 方法的区别：使用 match() 方法只匹配以指定正则表达式开头的字符串；使用 search() 方法会搜索整个字符串，直到找到一个匹配的正则表达式。match() 方法相当于在 search() 方法的正则表达式最前面加了一个 "^" 符号。

在使用 match() 方法和 search() 方法匹配成功后，返回的 Match 对象具有相应的属性和方法。Match 对象常用的属性和方法如表 6-6 所示。

表 6-6　Match 对象常用的属性和方法

属性和方法	说明
pos	获取搜索的开始位置
endpos	获取搜索的结束位置
string	获取匹配的字符串
re	获取当前使用的正则表达式对象
lastindex	获取最后匹配的组索引
start([group])	获取匹配的组的开始位置
end([group])	获取匹配的组的结束位置
span([group])	获取匹配的组的开始位置和结束位置

Match 对象的应用示例如【代码 6-3】所示。

【代码 6-3】Match 对象的应用示例

```
import re
# 使用compile()方法生成正则表达式对象
pattern = re.compile('python',re.I)
```

```
string1 = 'Python 是一门编程语言 '
string2 = 'c、java、python、python'
# 使用 match() 方法进行匹配
match1 = re.match(pattern,string1)
# 使用 search() 方法进行匹配
match2 = re.search(pattern,string2)
match_list = [match1,match2]
for i in match_list:
    print('【{}】'.format(i))
    # 使用 Match 对象的属性 / 方法
    template1 = ' 搜索开始位置: {:<2d}\t 搜索结束位置: {:<2d}\t 匹配开
始位置: {:<2d}\t 匹配结束位置: {:<2d}\t 匹配的字符串: {:<6s}'
    print(template1.format(i.pos,i.endpos,i.start(),i.end(),i.
string))
```

【代码 6-3】的运行结果如图 6-18 所示。

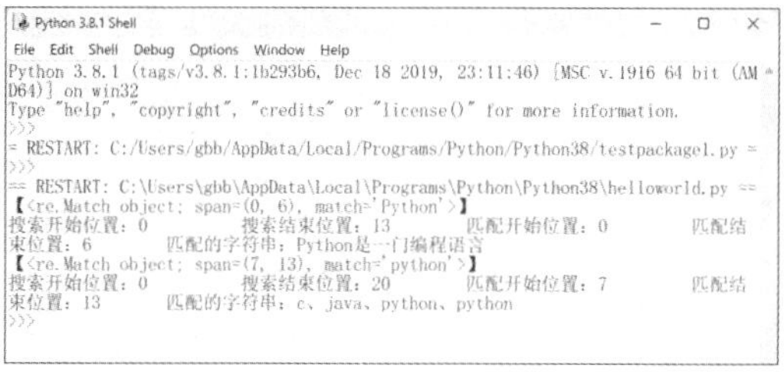

图 6-18　Match 对象的应用示例——运行结果

④　findall() 方法。

findall() 方法主要用于在字符串中搜索与指定的正则表达式匹配的所有子字符串，并且以列表的形式返回，如果有多个匹配模式，则返回元组列表；如果没有找到匹配的子字符串，则返回空列表。findall() 方法的语法格式与 match()、search() 方法的语法格式类似，不同的是，match()、search() 方法只匹配一次，findall() 方法会匹配所有符合条件的子字符串。

下面使用一个根据 QQ 邮箱获取 QQ 号码的案例，演示 findall() 方法的应用，如【代码 6-4】所示。

【代码 6-4】findall() 方法的应用示例

```
import re
pattern = re.compile('\d+')
num = input(' 请输入 QQ 邮箱 ( 可以是多个 ): ')
# 使用 findall() 方法
```

```
result = re.findall(pattern,num)
for index,item in enumerate(result,start=1):
    template = '序号: {:<2d}\t  QQ号码: {:<10s}'
    print(template.format(index,item))
```

【代码 6-4】的运行结果如图 6-19 所示。

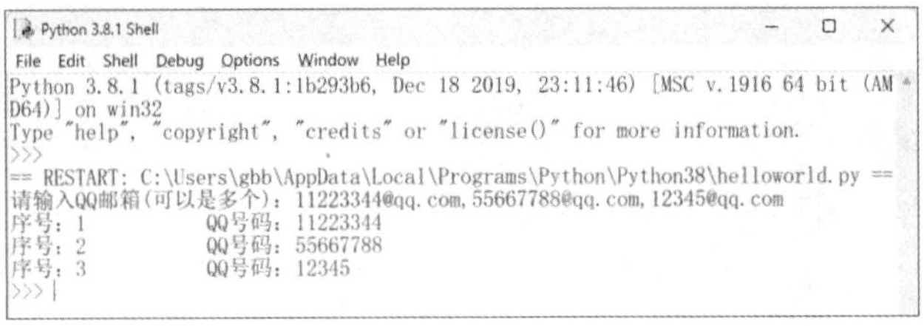

图 6-19 findall() 方法的应用示例——运行结果

⑤ sub() 方法。

sub() 方法主要用于进行字符串的替换，即根据正则表达式查找被替换的内容，其语法格式如下：

```
re.sub(pattern,repl,string[, count[, flags]])
```

sub() 方法的参数及说明如表 6-7 所示。

表 6-7 sub() 方法的参数及说明

参数	说明
pattern	匹配的正则表达式
repl	替换的字符串
string	要被查找、替换的原始字符串
count	【可选参数】在匹配模式后替换的最大次数，默认值为 0，表示替换所有匹配的内容
flags	【可选参数】标志位修饰符，用于控制正则表达式的匹配方式，取值见表 6-4

sub() 方法的应用示例如【代码 6-5】所示。

【代码 6-5】sub() 方法的应用示例

```
import re
# 隐藏个人信息中的手机号码
pattern = re.compile('1\d{10}$')
info1 = input('请输入地址信息: ')
# 使用 sub() 方法替换手机号码
info2 = re.sub(pattern,'1**********',info1)
print(' 脱敏后数据: ',info2)
```

【代码 6-5】的运行结果如图 6-20 所示。

172

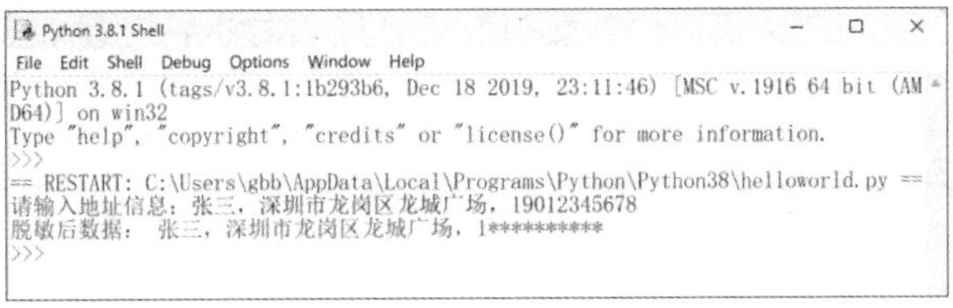

图 6-20　sub() 方法的应用示例——运行结果

⑥　split() 方法。

split() 方法主要用于进行字符串的分割，即根据正则表达式将字符串分割成子字符串，并且以列表的形式返回，其语法格式如下：

```
re.split(pattern,string[, maxsplit[, flags]])
```

split() 方法的参数及说明如表 6-8 所示。

表 6-8　split() 方法的参数及说明

参数	说明
pattern	匹配的正则表达式
string	要匹配的字符串
maxsplit	【可选参数】最大的分割次数
flags	【可选参数】标志位修饰符，用于控制正则表达式的匹配方式，取值见表 6-4

split() 方法的应用示例如【代码 6-6】所示。

【代码 6-6】split() 方法的应用示例

```python
import re
pattern = re.compile('\s')
string = ' 张三 李四 王五 赵六 '
# 使用 split() 方法分割字符串
list1 = re.split(pattern,string)
# 遍历分割后的列表
for item in list1:
    print(item)
```

【代码 6-6】的运行结果如图 6-21 所示。

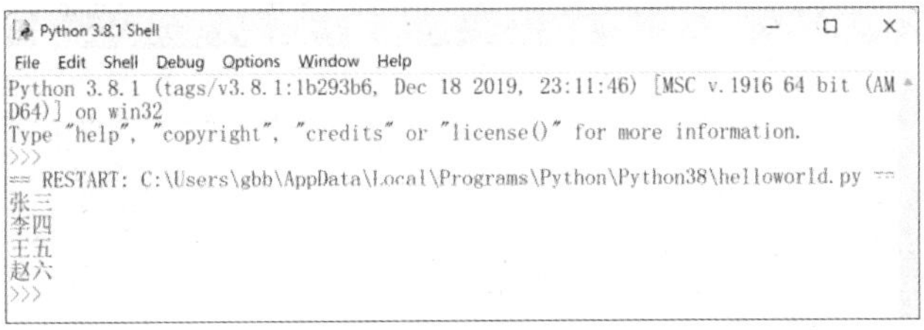

图 6-21　split() 方法的应用示例——运行结果

笔记

前面介绍了 re 模块中的 6 个常用方法，现对其进行总结，如表 6-9 所示。

表 6-9　re 模块中的常用方法

常用方法	说明
compile()	用于优化正则表达式，实现更有效率的匹配
match()	用于从字符串的开始位置进行匹配
search()	用于扫描整个字符串并返回第一个与指定的正则表达式匹配的对象
findall()	用于在字符串中搜索与指定的正则表达式匹配的所有子字符串，并且以列表的形式返回
sub()	用于进行字符串的替换
split()	用于进行字符串的分割

6.2.2　日期和时间模块

我们在程序开发过程中，经常需要处理日期和时间。Python 提供了 time、datetime 等模块，用于进行日期和时间的相关操作。

1．time 模块

1）time 模块中的时间格式

time 模块中的时间格式主要有 3 种，分别为时间戳（timestamp）、时间元组（struct_time）、格式化时间（format_time）。

① 时间戳。

时间戳是指从 1970 年 1 月 1 日 00:00:00 开始按秒计算的偏移量，适合用于进行日期运算。

② 时间元组。

时间元组中包含 9 个元素，其值为整数，相关说明如表 6-10 所示。

表 6-10　时间元组中的元素及相关说明

序号	元素	说明
0	tm_year	年，如 2008
1	tm_mon	月，其取值范围为 1 ~ 12
2	tm_mday	日，其取值范围为 1 ~ 31
3	tm_hour	小时，其取值范围为 0 ~ 23
4	tm_min	分钟，其取值范围为 0 ~ 59
5	tm_sec	秒，其取值范围为 0 ~ 61（60 表示闰秒，61 是基于历史原因保留的）

续表

序号	元素	说明
6	tm_wday	星期，其取值范围为 0 ~ 6
7	tm_yday	一年中的天，其取值范围为 1 ~ 366
8	tm_isdst	夏令时，其取值范围为 0、1、-1（-1 代表夏令时）

【知识拓展】

夏令时

夏令时（Daylight Saving Time，DST）又称为夏时制、日光节约时制和夏令时间，是一种为了节约能源，人为规定地方时间的制度。在实行夏令时的情况下，一般会在天亮得早的夏季，人为将时间调快一小时，使人们早起早睡，减少照明量，从而充分利用光照资源，节约照明用电。夏令时在不同国家的具体规定不同。全世界有近 110 个国家实行。在我国，从 1992 年起，暂停实行夏令时。

③ 格式化时间。

格式化时间具有格式化的结构，可以提高时间的可读性。格式化时间的相关符号如表 6-11 所示。

表 6-11　格式化时间的相关符号

序号	符号	说明
1	%y	去掉世纪的年份，取值范围为 00 ~ 99
2	%Y	完整的年份，取值范围为 0000 ~ 9999
3	%m	月份，取值范围为 01 ~ 12
4	%d	月中的一天，取值范围为 0 ~ 31
5	%H	24 小时制的小时，取值范围为 00 ~ 23
6	%I	12 小时制的小时，取值范围为 01 ~ 12
7	%M	分钟，取值范围为 00 ~ 59
8	%S	秒钟，取值范围为 00 ~ 59
9	%a	本地简化的星期名称，如星期一为 Mon
10	%A	本地完整的星期名称，如星期一为 Monday
11	%b	本地简化的月份名称，如一月份为 Jan
12	%B	本地完整的月份名称，如一月份为 January
13	%c	本地相应的日期和时间，如 22/01/27 10:20:06
14	%j	年内的一天，取值范围为 001 ~ 366
15	%p	本地 A.M. 或 P.M. 的等价符
16	%U	一年中的星期数，取值范围为 00 ~ 53，星期日为星期的开始

笔记

序号	符号	说明
17	%w	星期，取值范围为 0 ~ 6，星期日为星期的开始
18	%W	一年中的星期数，取值范围为 00 ~ 53，星期一为星期的开始
19	%x	本地相应的日期，如 22/01/27
20	%X	本地相应的时间，如 10:20:06
21	%Z	当前时区的名称，如果是本地时间，则返回空字符串
22	%%	表示 "%" 字符

2）time 模块中的常用方法

time 模块中的常用方法如表 6-12 所示。

表 6–12　time 模块中的常用方法

常用方法	说明
time()	返回当前时间的时间戳
sleep()	指定线程的睡眠时间，单位为秒
localtime([secs])	将时间戳转换为当前时区的时间元组
gmtime([secs])	将时间戳转换为 UTC 时区的时间元组
mktime(t)	将时间元组转换为时间戳
asctime([t])	将时间元组转换为格式类似于 Wed Jan 26 17:00:58 2022 的包含 24 个字符的字符串
time.strftime(fmt[,t])	将时间元组转换为格式化时间，格式由 fmt 参数决定
time.strptime(str,fmt)	将格式化时间转换为时间元组，格式由 fmt 参数决定
perf_counter()	返回当前的计算机系统时间，通常用于在测试代码时进行差值运算，包含 sleep() 方法指定的睡眠时间
process_time()	返回当前进程的运行时间，通常用于在测试代码时进行差值运算，不包含 sleep() 方法指定的睡眠时间

【知识拓展】

协调世界时

协调世界时（Coordinated Universal Time，UTC）又称为世界统一时间、世界标准时间、国际协调时间，因为其英文缩写（CUT）和法文缩写（TUC）不同，所以作为妥协，将其简称为 UTC。北京时间比 UTC 时间早 8 小时。

time 模块中常用方法的应用示例如【代码 6-7】所示。

【代码 6-7】time 模块中常用方法的应用示例

笔记

```
import time
t1 = time.time()
print(' 当前时间（时间戳）: ',t1)
# 睡眠 3 秒钟
time.sleep(3)
# 以下 2 种方式都可以
# t2 = time.localtime(t1)
t2 = time.localtime()
print(' 当前时间（时间元组）:',t2)
t3 = time.gmtime()
print('UTC 时间（时间元组）:',t3)
# 以下 3 种方式都可以
# t4 = time.ctime()
# t4 = time.asctime(t2)
t4 = time.asctime()
print(' 当前时间（格式化时间）:',t4)
t5 = time.strftime('%Y-%m-%d %H:%M:%S',t2)
print(' 按指定要求格式化时间 :',t5)
t6 = time.strptime(t5,'%Y-%m-%d %H:%M:%S')
print(' 格式化时间转为时间元组 :',t6)
t7 = time.perf_counter()
print(' 系统运行时间 :',t7)
t8 = time.process_time()
print(' 进程运行时间 :',t8)
```

【代码 6-7】的运行结果如图 6-22 所示。

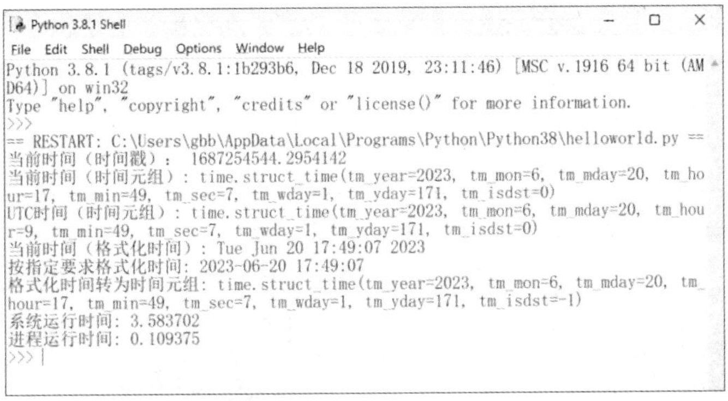

图 6-22　time 模块中常用方法的应用示例——运行结果

2．datetime 模块

datetime 模块在 time 模块的基础上重新进行了封装，提供了更多好用的类，常用的类有 date 类、time 类、datetime 类、timedelta 类等。datetime 模块中包含常量 MAXYEAR 和 MINYEAR，分别用于表示最大年份（9999）和最小年份（1）。

1）date 类

datetime 模块中的 date 类主要用于表示日期，它主要由 3 部分构成，分别为 year（年）、month（月）及 day（日）。date 对象的格式如下：

```
datetime.date(year, month, day)
```

date 类中常用的属性和方法如表 6-13 所示。

表 6-13　date 类中常用的属性和方法

常用的属性和方法	说明
year、month、day	分别返回年、月、日，如 d.year 返回年
max	date 对象能表示的最大日期
min	date 对象能表示的最小日期
resolution	date 对象表示日期的最小单位
today()	返回一个表示本地当前日期的 date 对象
weekday()	返回星期（0 ~ 6）
timetuple()	返回日期对应的时间元组
isocalendar()	返回格式类似于 (year,month,day) 的元组
isoformat()	ISO 标准输出，即返回格式类似于 'YYYY-MM-DD' 的字符串
strftime(fmt)	将指定的时间转换为格式化时间，格式由 fmt 参数决定
__eq__(...)	比较两个日期是否相等，如 a.__eq__(b)
__ge__(...)	大于或等于（a>=b）
__gt__(...)	大于（a>b）
__le__(...)	小于或等于（a<=b）
__lt__(...)	小于（a<b）
__ne__(...)	不等于（a!=b）
__sub__(...)	两个日期相减，如 a.__sub__(b)

date 类的应用示例如【代码 6-8】所示。

【代码 6-8】date 类的应用示例

```
import datetime
print('date 对象能表示的最大日期: ',datetime.date.max)
print('date 对象能表示的最小日期: ',datetime.date.min)
print('date 对象表示日期的最小单位: ',datetime.date.resolution)
```

```
# 返回一个表示本地当前日期的 date 对象
d = datetime.date.today()
print(' 当前日期: ',d)
print(' 年: ',d.year)
print(' 月: ',d.month)
print(' 日: ',d.day)
print(' 星期: ',d.weekday())
print(' 时间元组: ',d.timetuple())
print(' 格式化时间: ',d.isocalendar())
print('ISO 格式化时间: ',d.isoformat())
print(' 格式化时间: ',d.strftime('%Y 年 %m 月 %d 日'))
d1 = datetime.date(2022,1,27)
d2 = datetime.date(2022,1,26)
print('d1 与 d2 是否相等: ',d1.__eq__(d2))
print('d1 是否大于 d2: ',d1.__gt__(d2))
print('d1 减 d2: ',d1.__sub__(d2))
```

【代码 6-8】的运行结果如图 6-23 所示。

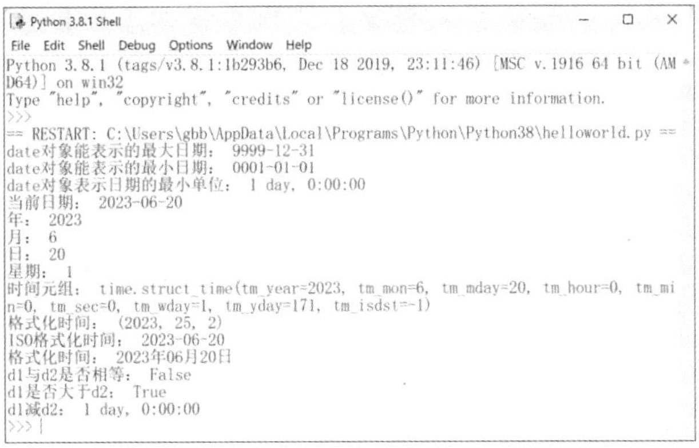

图 6-23　date 类的应用示例——运行结果

2）time 类

datetime 模块中的 time 类主要用于表示时间，它主要由 hour（小时）、minute（分钟）、second（秒）、microsecond（毫秒）和 tzinfo（时区信息）组成。time 对象的格式如下：

```
datetime.time([hour[, minute[, second[, microsecond[,
tzinfo]]]]])
```

time 类中常用的属性和方法与 date 类中常用的属性和方法类似。time 类的应用示例如【代码 6-9】所示。

笔记

【代码 6-9】time 类的应用示例

```
import datetime
print('time 对象能表示的最大日期: ',datetime.time.max)
print('time 对象能表示的最小日期: ',datetime.time.min)
print('time 对象表示日期的最小单位: ',datetime.time.resolution)
t1 = datetime.time(17,10,48,652)
t2 = datetime.time(5,10,48,652)
print(' 时: ',t1.hour)
print(' 分: ',t1.minute)
print(' 秒: ',t1.second)
print(' 毫秒: ',t1.microsecond)
print('ISO 格式化时间: ',t1.isoformat())
print(' 格式化时间: ',t1.strftime('%H:%M:%S'))
print('t1 与 t2 是否相等: ',t1.__eq__(t2))
print('t1 是否大于 t2: ',t1.__gt__(t2))
```

【代码 6-9】的运行结果如图 6-24 所示。

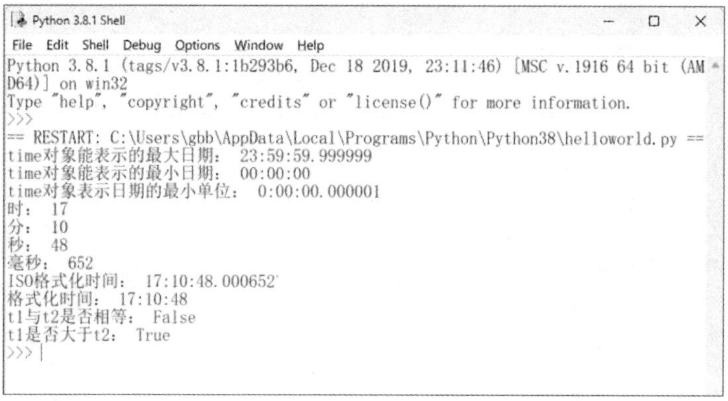

图 6-24　time 类的应用示例——运行结果

3）datetime 类

datetime 模块中的 datetime 类主要用于表示日期和时间，可以看作 date 类和 time 类的结合。datetime 类中的大部分属性和方法都继承自 date 类和 time 类。datetime 对象的格式如下：

```
datetime.datetime(year, month, day[, hour[, minute[, second[,
microsecond[,tzinfo]]]]])
```

datetime 类中除了继承自 date 类和 time 类的属性和方法，还有其特有的属性和方法，如表 6-14 所示。

表 6-14 datetime 类中特有的属性和方法

特有的属性和方法	说明
now()	返回一个表示当前日期和时间的 datetime 对象
utcnow()	返回一个表示当前 UTC 日期和时间的 datetime 对象
fromtimestamp(ts)	将指定的时间戳转换为表示日期和时间的 datetime 对象
utcfromtimestamp(ts)	将指定的时间戳转换为表示 UTC 日期和时间的 datetime 对象
combine(date, time)	将指定的日期和时间合并为表示日期和时间的 datetime 对象
strptime(string, format)	将格式化字符串转换为表示日期和时间的 datetime 对象
date()	返回 datetime 对象的日期部分
time()	返回 datetime 对象的时间部分

datetime 类的应用示例如【代码 6-10】所示。

【代码 6-10】datetime 类的应用示例

```
import datetime
import time
dt = datetime.datetime.now()
print(' 当前日期和时间 :',dt)
dt_utc = datetime.datetime.utcnow()
print(' 当前日期和时间 (UTC 时区 ):',dt_utc)
print(' 日期: ',dt.date())
print(' 年: ',dt.year)
print(' 月: ',dt.month)
print(' 日: ',dt.day)
print(' 星期: ',dt.weekday())
print(' 时间: ',dt.time())
print(' 时: ',dt.hour)
print(' 分: ',dt.minute)
print(' 秒: ',dt.second)
print(' 毫秒: ',dt.microsecond)
print(' 根据时间戳获取日期和时间: ',datetime.datetime.fromtimestamp
(time.time()))
d = datetime.date.today()
t = datetime.time(17,50,23)
print(' 根据 date 和 time 创建日期和时间: ',datetime.datetime.combine(d,t))
```

【代码 6-10】的运行结果如图 6-25 所示。

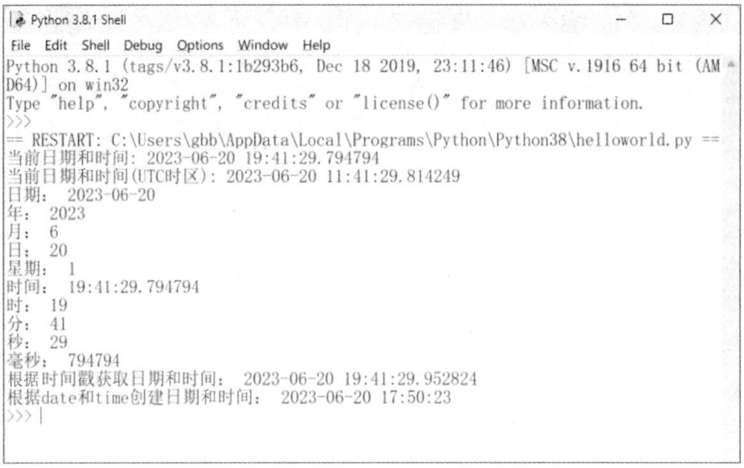

图 6-25　datetime 类的应用示例——运行结果

4）timedelta 类

datetime 模块中的 timedelta 类主要用于进行时间运算，通常与 date 类、datetime 类结合使用。timedelta 对象的格式如下：

```
datetime.timedelta([days[,seconds[, microseconds[, milliseconds[,
minutes[, hours[, weeks]]]]]]])
```

timedelta 类的应用示例如【代码 6-11】所示。

【代码 6-11】timedelta 类的应用示例

```
from datetime import datetime,timedelta
now = datetime.now()
print('现在: ',now)
print('昨天: ',now - timedelta(days=1))
print('明天: ',now + timedelta(days=1))
print('一周后: ',now + timedelta(weeks=1))
# 时间相减，得到的是timedelta对象
time1 = now-datetime(2021,12,12)
time2 = now-datetime(2020,12,12)
print(time1)
print(time1.days)
print(time1.seconds)
print(time1.total_seconds())
print(time2)
```

【代码 6-11】的运行结果如图 6-26 所示。

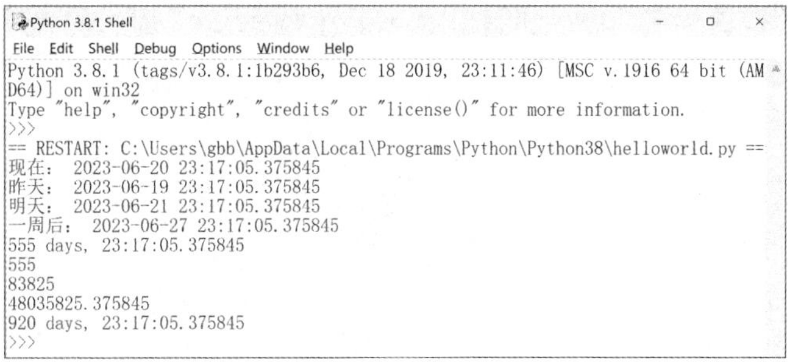

图 6-26　timedelta 类的应用示例——运行结果

6.2.3　加密模块与其他常用模块

Python 中的 hashlib 模块主要用于进行加密的相关操作，支持 MD5、SHA1、SHA224、SHA256、SHA384、SHA512 等算法。

1．MD5 与 SHA

MD5（Message-Digest Algorithm 5，信息 - 摘要算法）是一种被广泛应用的加密算法，可以产生一个 128 位（16 字节）的散列值（hash value），用于确保信息传输的完整性和一致性。

SHA（Secure Hash Algorithm，安全哈希算法）是在 MD5 的基础上产生的算法家族，包含众多算法，如 SHA1、SHA224、SHA256 等。

MD5 和 SHA 都是不可逆的摘要算法，其基本原理是使用一个函数将任意长度的数据转换为一个长度固定的数据串。

2．hashlib 模块的应用

hashlib 模块的应用可以分为 3 步，分别为创建 hash 对象、更新 hash 对象和返回摘要，其中常用的属性和方法总结如表 6-15 所示。

表 6-15　hashlib 模块中常用的属性和方法

属性和方法	说明
algorithms_available	查看 hashlib 模块提供的用于在 Python 解释器中运行的加密算法
algorithms_guaranteed	查看 hashlib 模块提供的所有平台都支持的加密算法
md5()	创建一个基于 MD5 算法模式的 hash 对象
sha1()	创建一个基于 SHA1 算法模式的 hash 对象
hash 对象 .update(arg)	使用字符串参数更新 hash 对象
hash 对象 .digest()	返回摘要，将其作为表示二进制数据的字符串
hash 对象 .hexdigest()	返回摘要，将其作为表示十六进制数据的字符串
hash 对象 .copy()	复制一个 hash 对象

笔记

hashlib 模块的应用示例如【代码 6-12】所示。

【代码 6-12】hashlib 模块的应用示例

```python
import hashlib
print(' 可应用于 Python 解释器中的加密算法: \n',hashlib.algorithms_
available)
print(' 可应用于所有平台的加密算法: \n',hashlib.algorithms_guaranteed)
passwd = '12345'
# 1- 创建 hash 对象
md5 = hashlib.md5()
# 2- 更新 hash 对象，传入待加密的数据
md5.update(passwd.encode('utf-8'))
# 3- 返回摘要（表示十六进制数据的字符串）
passwd_md5 = md5.hexdigest()
print(' 加密前: ',passwd)
print('MD5 加密后: ',passwd_md5)
sha1 = hashlib.sha1()
sha1.update(passwd.encode('utf-8'))
passwd_sha1 = sha1.hexdigest()
print('SHA1 加密后: ',passwd_sha1)
```

【代码 6-12】的运行结果如图 6-27 所示。

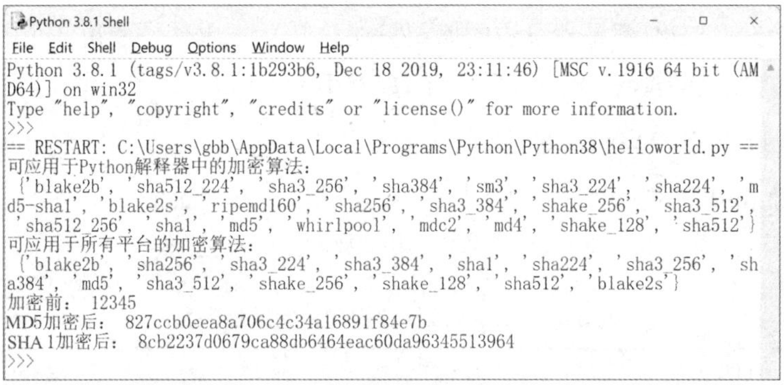

图 6-27　hashlib 模块的应用示例——运行结果

3．其他常用模块

除了前面介绍的标准库模块，还经常使用 sys 模块、random 模块、math 模块，这些模块中常用的属性和方法如表 6-16 所示。

笔记

表 6-16 sys 模块、random 模块、math 模块中常用的属性和方法

模块	功能介绍	常用的属性和方法
sys	提供一个与 Python 解释器进行交互的接口	sys.platform：获取操作系统名称。 sys.version：获取 Python 解释器的版本信息。 sys.argv：获取命令行参数列表，第一个元素是程序本身的路径。 sys.path：获取模块的搜索路径。 sys.exit(n)：退出程序，正常退出使用 exit(0)。 sys.modules.keys()：返回所有已经导入的模块列表
random	用于生成随机数	random.random()：生成一个取值范围为 [0，1）的随机浮点数。 random.uniform(a,b)：生成一个指定范围内的随机浮点数。 random.randint(a, b)：生成一个指定范围内的整数。 random.randrange([start], stop[, step])：从指定序列中获取随机数。 random.choice(sequence)：从指定序列中获取一个随机元素。 random.shuffle(x[, random])：将一个列表中的元素打乱，也就是将列表中的元素随机排列。 random.sample(sequence, k)：从指定序列中随机获取指定长度的片段，并且将其中的元素随机排列
math	用于进行与数学有关的运算	math.ceil(x)：向上取整，返回大于或等于 x 的最小整数。 math.floor(x)：向下取整，返回小于或等于 x 的最大整数。 math.sin(x)：返回 x 的正弦值。 math.cos(x)：返回 x 的余弦值。 math.tan(x)：返回 x 的正切值。 math.fabs(x)：返回 x 的绝对值。 math.degrees(x)：将弧度转换为角度。 math.radians(x)：将角度转换为弧度。 math.sqrt(x)：返回 x 的平方根。 math.pow(x, y)：返回 x 的 y 次幂。 math.e：返回常数 e（2.7128...）。 math.pi：返回常数 π（3.14159...）

使用 sys 模块中的 modules.keys() 方法可以返回所有已经导入的模块列表，如图 6-28 所示。

```
sys.modules.keys()

dict_keys(['sys', 'builtins', '_frozen_importlib', '_imp', '_warnings', '_frozen_importlib_external', '_io', 'marshal', 'nt', '_threa
d', '_weakref', 'winreg', 'time', 'zipimport', '_codecs', 'codecs', 'encodings.aliases', 'encodings', 'encodings.utf_8', '_codecs_cn',
'_multibytecodec', 'encodings.gbk', '_signal', '__main__', 'encodings.latin_1', '_abc', 'abc', 'io', '_stat', 'stat', '_collections_ab
c', 'genericpath', 'ntpath', 'os.path', 'os', '_sitebuiltins', '_locale', '_bootlocale', 'types', 'importlib._bootstrap', 'importlib._
bootstrap_external', 'warnings', 'importlib', 'importlib.machinery', 'importlib.abc', '_operator', 'operator', 'keyword', '_heapq', 'h
eapq', 'itertools', 'reprlib', '_collections', 'collections', '_functools', 'functools', 'contextlib', 'importlib.util', 'google', 'mp
l_toolkits', 'sphinxcontrib', 'zope', 'site', '_weakrefset', 'weakref', 'pkgutil', 'runpy', 'ipykernel._version', '__future__', 'enu
m', '_sre', 'sre_constants', 'sre_parse', 'sre_compile', 'copyreg', 're', '_json', 'json.scanner', 'json.decoder', 'json.encoder', 'js
on', 'errno', 'signal', 'threading', 'msvcrt', '_winapi', 'subprocess', 'IPython.core', 'IPython.core.getipython', 'IPython.core.relea
se', 'atexit', 'copy', 'posixpath', 'fnmatch', 'glob', 'token', 'tokenize', 'linecache', 'traceback', 'collections.abc', '_string', 's
tring', 'logging', 'zlib', '_compression', '_bz2', 'bz2', '_lzma', 'lzma', 'shutil', '_ast', 'ast', '_opcode', 'opcode', 'dis', 'inspe
ct', 'traitlets.utils', 'traitlets.utils.getargspec', 'traitlets.utils.importstring', 'traitlets.utils.sentinel', 'traitlets.utils.bun
ch', 'traitlets.utils.descriptions', 'traitlets.traitlets', 'traitlets.utils.decorators', 'traitlets._version', 'traitlets', 'pprint',
'locale', 'gettext', 'argparse', 'ipython_genutils._version', 'ipython_genutils', 'math', '_bisect', 'bisect', '_sha512', '_random',
'random', 'ipython_genutils.encoding', 'platform', 'ipython_genutils.py3compat', 'ipython_genutils.path', 'traitlets.config.loader',
'textwrap', 'ipython_genutils.text', 'traitlets.config.configurable', 'traitlets.config.application', 'traitlets.config', 'sysconfig',
'urllib', 'urllib.parse', 'pydoc', 'bdb', 'IPython.utils', 'IPython.utils.ipstruct', 'IPython.utils.coloransi', 'pygments', 'IPython.u
tils.colorable', 'IPython.utils.PyColorize', 'IPython.utils.encoding', 'IPython.utils.py3compat', 'IPython.core.excolors', 'IPython.te
sting', 'IPython.testing.skipdoctest', 'cmd', 'codeop', 'code', 'pdb', 'IPython.core.debugger', 'IPython.core.display_trap', '_ctype
```

图 6-28 返回所有已经导入的模块列表

6.2.4　小结回顾

📖【知识小结】

1．正则表达式主要用于匹配字符串中的字符组合。使用正则表达式，可以检查一个字符串中是否包含某个子字符串，替换匹配的子字符串，从某个字符串中截取符合所需条件的子字符串，等等。

2．re 模块中的常用方法包括 compile()、match()、search()、findall()、sub()、split() 等。

3．Python 提供了 time、datetime 等模块，用于进行日期和时间的相关操作。

4．time 模块中的时间格式主要有 3 种，分别为时间戳、时间元组、格式化时间。

5．datetime 模块在 time 模块的基础上重新进行了封装，提供了更多好用的类，常用的类有 date 类、time 类、datetime 类、timedelta 类等。

6．Python 中的 hashlib 模块主要用于进行加密的相关操作，支持 MD5、SHA1、SHA224、SHA256、SHA384、SHA512 等算法。

🖥【知识足迹】

```
6.2 常用的标准库模块 ┬ 6.2.1 正则表达式模块 ┬ 正则表达式
                    │                    └ 使用re模块进行正则表达式的相关操作
                    ├ 6.2.2 日期和时间模块 ┬ time模块
                    │                    └ datetime 模块
                    └ 6.2.3 加密模块与其他常用模块 ┬ MD5与SHA
                                                ├ hashlib模块的应用
                                                └ 其他常用模块
```

6.3　基于第三方库的爬虫应用

很多编程语言都可以编写爬虫程序，但是使用 Python 编写爬虫程序是最简单、最合适的。这是因为 Python 中包含丰富的类库，可以方便、高效地下载网页和解析网页。

6.3.1 网络爬虫概述

网络爬虫又称为网页蜘蛛、网络机器人，是一种按照一定的规则，自动抓取互联网信息的程序或脚本，已被广泛应用于互联网领域。网络爬虫是一种数据采集工具，如果我们要对某个网站进行分析，那么在哪里获取待分析的数据呢？此时可以考虑使用网络爬虫进行爬取。

【温馨提示】

> 随着国家对用户的隐私数据越来越重视，近几年经常有人因非法爬取用户数据而遭受诉讼。因此，大家在使用网络爬虫技术时，要注意遵守相关的法律法规。

1. 网页基础

因为网络爬虫主要用于爬取网页中的数据，所以在介绍网络爬虫前，我们需要先介绍网页的基础知识。

打开浏览器，在地址栏中输入 URL（Uniform Resource Locator，统一资源定位器），如输入百度官网网址，即可出现百度的首页。按键盘上的 F12 键，可以打开开发者工具，查看百度首页的相关信息，如图 6-29 所示。

图 6-29 百度首页在开发者工具中的相关信息

笔记

1）访问网页的流程

在图 6-29 中，我们可以看到 Request 和 Response 的相关信息。从输入 URL 到我们看到网页，其流程可以总结如下。

（1）输入 URL。

（2）浏览器给 Web 服务器发送一个 Request。

（3）Web 服务器接收 Request 并进行处理，生成相应的 Response 并将其发送给 Web 浏览器。

（4）Web 浏览器解析 Response 中的 HTML，这样我们就看到了网页。

2）HTTP

前面提到的 Request 和 Response 是 HTTP（HyperText Transfer Protocol，超文本传输协议）中的请求和响应。HTTP 是一种基于请求与响应模式的无状态的应用层协议。HTTP 是网页中数据通信的基础，我们在浏览器中输入任意一个 URL，都会发送一次 HTTP 请求。

HTTP 请求由请求行、请求头和请求正文组成。其中，请求正文是一些发送的数据；请求头允许客户端向服务器端传递请求的附加信息及客户端自身的信息（如用户标识、主机名等）；请求行以一个方法符号开头，后面跟着请求的 URI（Uniform Resource Identifier，统一资源标识符）和协议的版本，使用空格分开，其语法格式如下：

```
Method Request-URI HTTP-Version CRLF
```

请求行的参数及说明如表 6-17 所示。

表 6-17　请求行的参数及说明

参数	说明
Method	表示请求方法，常用的请求方法有 GET（获取资源）、PUT（更新资源）、POST（新增资源）、DELETE（删除资源）等
Request-URI	URI 主要用于唯一地标识一个资源
HTTP-Version	表示请求的 HTTP 版本
CRLF	CR 表示回车，LF 表示换行，CRLF 必须使用整体作为结尾，不可以分开出现

【知识拓展】

URI 与 URL

HTTP 使用 URI 传输数据和建立连接。URL 是一种特殊、具体的 URI，使用 URL 可以标识一个资源，并且可以指明如何定位这个资源。

HTTP 响应与 HTTP 请求类似，也由 3 部分组成，分别是响应行、响应头和响应正文。响应行的语法格式如下：

```
HTTP-Version Status-Code Reason-Phrase CRLF
```

响应行的参数及说明如表 6-18 所示。

表 6-18　响应行的参数及说明

参数	说明
HTTP-Version	表示服务器的 HTTP 版本
Status-Code	表示服务器发回的响应状态码。常用的响应状态码如下。 200：OK（请求成功）。 400：Bad Request（请求有语法错误）。 401：Unauthorized（请求未授权）。 404：Not Found（请求资源不存在）。 500：Internal Server Error（服务器端错误）。 ……
Reason-Phrase	表示响应状态码的文本描述
CRLF	表示回车和换行

使用浏览器中的开发者工具查看访问百度首页的请求头和响应头信息，分别如图 6-30 和图 6-31 所示。

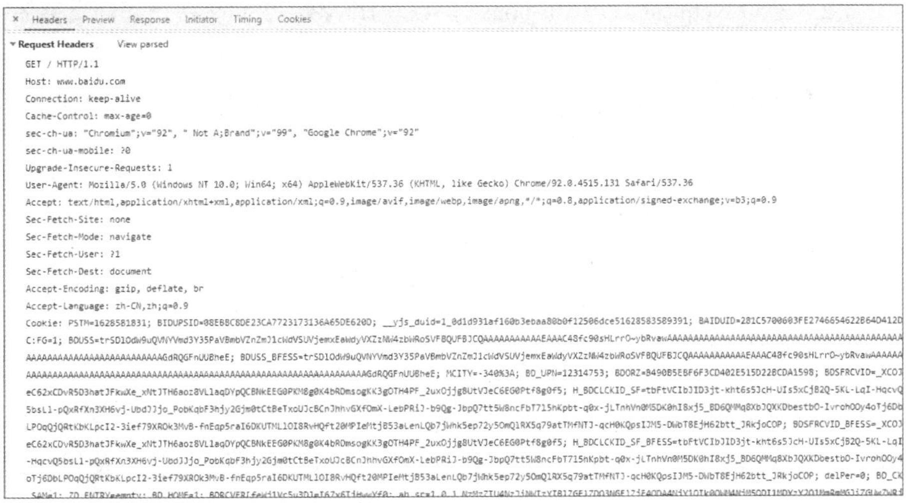

图 6-30　请求头信息

笔记

```
× Headers  Preview  Response  Initiator  Timing  Cookies
▾ Response Headers    View parsed
  HTTP/1.1 200 OK
  Bdpagetype: 2
  Bdqid: 0xa2ad542100076ea5
  Cache-Control: private
  Connection: keep-alive
  Content-Encoding: gzip
  Content-Type: text/html;charset=utf-8
  Date: Thu, 10 Feb 2022 06:42:04 GMT
  Expires: Thu, 10 Feb 2022 06:42:04 GMT
  Server: BWS/1.1
  Set-Cookie: BDSVRTM=671; path=/
  Set-Cookie: BD_HOME=1; path=/
  Set-Cookie: H_PS_PSSID=35105_31660_35488_34584_35490_35802_35797_35320_26350_35766; path=/; domain=.baidu.com
  Strict-Transport-Security: max-age=172800
  Traceid: 1644475324359734708211722117905826410149
  X-Frame-Options: sameorigin
  X-Ua-Compatible: IE=Edge,chrome=1
  Transfer-Encoding: chunked
```

图 6-31　响应头信息

2．网络爬虫的一般运行流程

在熟悉网页的基础知识后，接下来我们看一下网络爬虫的一般运行流程。

（1）获取待爬取的 URL/URL 队列，发送 Request。

（2）通过 Request 获取 Response 内容（HTML、JSON 字符串、二进制数据等）。

（3）解析获取的 Response 内容（使用正则表达式、网页解析库等）。

（4）将解析后的数据保存。

对于上述流程，简单理解就是，第（1）步和第（2）步进行网页下载，第（3）步进行网页解析，第（4）步进行数据存储。

6.3.2　爬虫的相关库

在 Python 中，可以使用标准库中的 Urllib 模块下载网页，也可以使用第三方库 Requests 下载网页，与使用标准库中的 Urllib 模块相比，使用第三方库 Requests 更加方便、高效。因此，对于网页下载工具，本节重点介绍第三方库 Requests。我们可以使用正则表达式、第三方库 BeautifulSoup 等进行网页解析。对于正则表达式，我们在 6.2.1 节已经介绍过，本节主要介绍 BeautifulSoup 库。数据存储可以使用纯文本存储，也可以使用关系型数据库（如 MySQL、Oracle、SQL Server 等）、非关系型数据库（如 MongoDB、Redis 等）存储。

1．网页下载库 Requests

网页下载库 Requests 是基于标准库中的 Urllib 模块开发的，是使用 Apache2 Licensed 许可证的 HTTP 库。Requests 库是一个第三方库，需要使用 pip 命令（pip install requests）进行安装。

【温馨提示】

在安装 Anaconda 时会自动安装一些常用的第三方库。如果你使用的是 Anaconda，那么本节介绍的 Requests 库和 BeautifulSoup 库已经被安装到你的环境中了，无须再次安装。

1）Requests 库中常用的属性和方法

Requests 库中常用的属性和方法如表 6-19 所示。

表 6-19　Requests 库中常用的属性和方法

常用的属性和方法	说明
get(...)	以 GET 方式发送请求
post(...)	以 POST 方式发送请求
response.status_code	获取响应状态码
response.headers	获取响应头
response.cookies	获取 Cookie 信息
response.text	获取响应内容，并且以文本的方式将其显示出来
response.content	获取响应内容，并且以二进制的方式将其显示出来
response.url	获取响应的 URL

2）Requests 库的基本应用

Requests 库的应用非常简单，下面仍然以访问百度首页为例进行演示，如【代码6-13】所示。

【代码 6-13】Requests 库的应用示例

```python
import requests
# 目标 URL
url = 'https://www.baidu.com'
# 发送 GET 请求，获取响应信息
response = requests.get(url)
# 打印响应信息
print('状态码: ',response.status_code)
print('响应头: ',response.headers)
```

笔记

```
print('Cookie: ',response.cookies)
print(' 响应的 URL: ',response.url)
print(' 响应内容（文本格式）: \n',response.text)
```

【代码 6-13】的运行结果如图 6-32 所示。

```
Python 3.8.1 Shell                                              —  □  ×
File  Edit  Shell  Debug  Options  Window  Help
Python 3.8.1 (tags/v3.8.1:1b293b6, Dec 18 2019, 23:11:46) [MSC v.1916 64 bit (AM
D64)] on win32
Type "help", "copyright", "credits" or "license()" for more information.
>>>
== RESTART: C:\Users\gbb\AppData\Local\Programs\Python\Python38\helloworld.py ==
状态码:  200
响应头:  {'Cache-Control': 'private, no-cache, no-store, proxy-revalidate, no-tr
ansform', 'Connection': 'keep-alive', 'Content-Encoding': 'gzip', 'Content-Type'
: 'text/html', 'Date': 'Tue, 20 Jun 2023 15:21:27 GMT', 'Last-Modified': 'Mon, 2
3 Jan 2017 13:24:18 GMT', 'Pragma': 'no-cache', 'Server': 'bfe/1.0.8.18', 'Set-C
ookie': 'BDORZ=27315; max-age=86400; domain=.baidu.com; path=/', 'Transfer-Encod
ing': 'chunked'}
Cookie:  <RequestsCookieJar[<Cookie BDORZ=27315 for .baidu.com/>]>
响应的URL:  https://www.baidu.com/
响应内容（文本格式）:
 <!DOCTYPE html>
<!--STATUS OK--><html> <head><meta http-equiv=content-type content=text/html;cha
rset=utf-8><meta http-equiv=X-UA-Compatible content=IE=Edge><meta content=always
 name=referrer><link rel=stylesheet type=text/css href=https://ss1.bdstatic.com/
5eN1bjq8AAUYm2zgoY3K/r/www/cache/bdorz/baidu.min.css><title>ç¾å°¦ä¸ä¼ å°± ±
ç¥é</title></head> <body link=#0000cc> <div id=wrapper> <div id=head> <div class
=head_wrapper> <div class=s_form> <div class=s_form_wrapper> <div id=lg> <img hi
defocus=true src=//www.baidu.com/img/bd_logo1.png width=270 height=129> </div>
<form id=form name=f action=//www.baidu.com/s class=fm> <input type=hidden name=b
dorz_come value=1> <input type=hidden name=ie value=utf-8> <input type=hidden na
me=f value=8> <input type=hidden name=rsv_bp value=1> <input type=hidden name=rs
v_idx value=1> <input type=hidden name=tn value=baidu><span class="bg s_ipt_wr">
<input type=text name=wd class=s_ipt value maxlength=255 autocomplete=off autofocus=
autofocus></span><span class="bg s_btn_wr"><input type=submit id=su value=ç¾å°¦ä
¸ä¸ class="bg s_btn" autofocus></span> </form> </div> </div> <div id=u1> <a href
=http://news.baidu.com name=tj_trnews class=mnav>æ° é»</a> <a href=https://www.h
ao123.com name=tj_trhao123 class=mnav>hao123</a> <a href=http://map.baidu.com na
me=tj_trmap class=mnav>å° å¾</a> <a href=http://v.baidu.com name=tj_trvideo clas
s=mnav>è§é¢</a> <a href=http://tieba.baidu.com name=tj_trtieba class=mnav>è´´
§</a> <noscript> <a href=http://www.baidu.com/bdorz/login.gif?login&amp;tpl=mn&
amp;u=http%3A%2F%2Fwww.baidu.com%2f%3fbdorz_come%3d1 name=tj_login class=lb>ç»å½
</a> </noscript> <script>document.write('<a href="http://www.baidu.com/bdorz/log
in.gif?login&tpl=mn&u=' + encodeURIComponent(window.location.href+ (window.locati
on.search === "" ? "?" : "&")+ "bdorz_come=1")+ '" name="tj_login" class="lb">ç»
å½</a>');
                </script> <a href=//www.baidu.com/more/ name=tj_briicon class=br
i style="display: block;">æ´å¤äº§å</a> </div> </div> </div> <div id=ftCon> <di
v id=ftConw> <p id=lh> <a href=http://home.baidu.com>å³äºç¾å¦</a> <a href=http:
//ir.baidu.com>About Baidu</a> </p> <p id=cp>&copy;2017 Baidu <a href=
http://www.baidu.com/duty/>ä½¿ç¨ç¾å¦åè »</a>  <a href=http://jianyi.bai
du.com/ class=cp-feedback>æ§é¦</a> äº¬ICPè¯030173å·  <img src=//ww
w.baidu.com/img/gs.gif> </p> </div> </div> </div> </body> </html>
>>>
                                                              Ln: 11 Col: 722
```

图 6-32　Requests 库的应用示例——运行结果

3）携带头部信息发送请求

在【代码 6-13】中，我们访问的是百度首页，响应状态码是 200，表示访问成功；而在大部分情况下，我们在使用爬虫访问网页时，响应状态码为403，表示访问被拒绝，示例如图 6-33 所示。

```
import requests
url = 'https://www.zhihu.com/'
response = requests.get(url)
print(response.text)

<html>
<head><title>403 Forbidden</title></head>
<body bgcolor="white">
<center><h1>403 Forbidden</h1></center>
<hr><center>openresty</center>
</body>
</html>
```

图 6-33　访问知乎首页被拒绝

出现图 6-33 所示错误的原因是，该网页进行了反爬虫设置。在这种情况下，如果要成功访问该网页，则可以通过模拟浏览器的 User-Agent 信息实现。User-Agent 信息可以在开发者工具中查看，如图 6-34 所示。

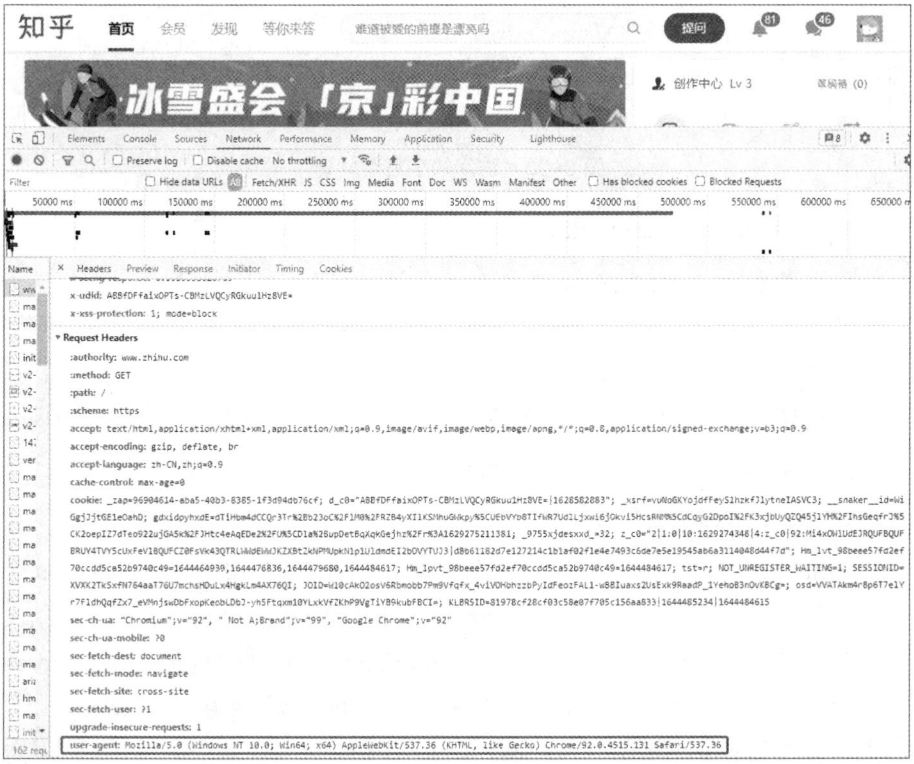

图 6-34　在开发者工具中查看 User-Agent 信息

下面我们携带 User-Agent 信息，再次访问知乎首页，如【代码 6-14】所示。

【代码 6-14】再次访问知乎首页

```python
import requests
url = 'https://www.zhihu.com/'
# User-Agent 信息
headers = {'User-Agent':'Mozilla/5.0 (Windows NT 10.0; Win64;
x64) AppleWebKit/537.36 (KHTML, like Gecko) Chrome/92.0.4515.131
Safari/537.36'}
# 携带 User-Agent 信息发送 GET 请求
response = requests.get(url,headers=headers)
print(response.status_code)
print(response.text)
```

【代码 6-14】的运行结果如图 6-35 所示，共计 473 行，双击即可显示被收起的内容。

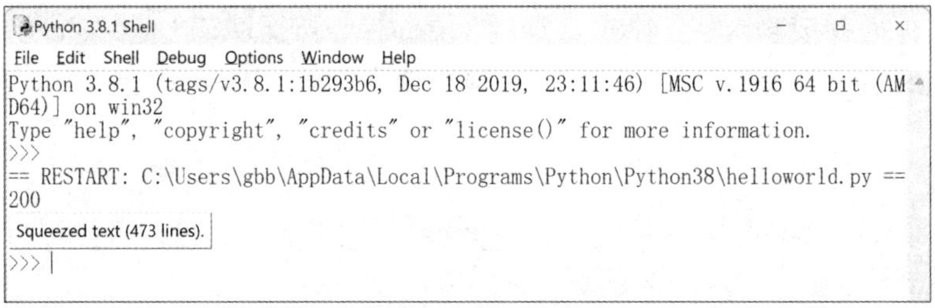

图 6-35　访问知乎首页成功

2．网页解析库 BeautifulSoup

网页解析库 BeautifulSoup 是一个用于解析 HTML 文件、XML 文件的第三方库，主要用于从 HTML 文件、XML 文件中提取数据。BeautifulSoup 库可以提供一些简单的函数，用于实现导航、搜索、修改分析树等功能。在使用 BeautifulSoup 库时，无须考虑编码方式，它会自动将输入文档的编码方式转换为 Unicode，将输出文档的编码方式转换为 UTF-8。

1）BeautifulSoup 库的导入

BeautifulSoup3 目前已经停止开发，现在项目中使用的是 BeautifulSoup4（可以使用命令"pip install beautifulsoup4"进行安装），不过 BeautifulSoup4 已经被移植到 bs4 中。因此，在导入 BeautifulSoup 库时，直接使用命令"import BeautifulSoup"会报错，需要使用命令"from bs4 import BeautifulSoup"进行导入，如图 6-36 所示。

笔记

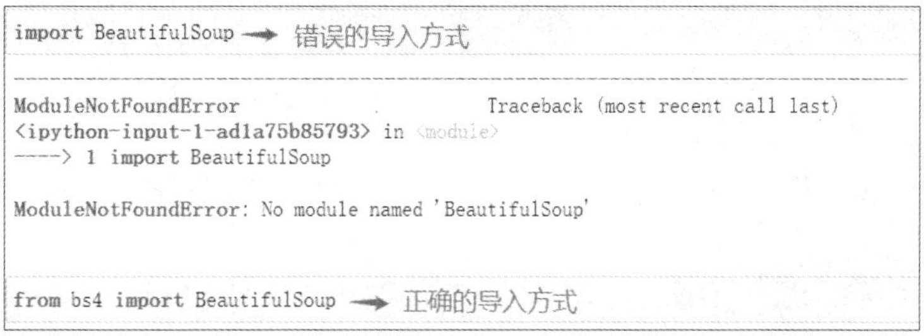

```
import BeautifulSoup —→ 错误的导入方式
---------------------------------------------------------------------------
ModuleNotFoundError                       Traceback (most recent call last)
<ipython-input-1-ad1a75b85793> in <module>
----> 1 import BeautifulSoup

ModuleNotFoundError: No module named 'BeautifulSoup'

from bs4 import BeautifulSoup —→ 正确的导入方式
```

图 6-36　导入 BeautifulSoup 库

2）BeautifulSoup 库的解析器

BeautifulSoup 库在解析网页时需要依赖解析器，它不仅支持 Python 标准库中的 html.parser 解析器，还支持一些第三方解析器。BeautifulSoup 库常用的解析器及其用法如表 6-20 所示。

表 6-20　BeautifulSoup 库常用的解析器及其用法

解析器	用法
Python 标准库中的 html.parser 解析器	bs = BeautifulSoup(content, "html.parser")
lxml 解析器	bs = BeautifulSoup(content, "lxml")
xml 解析器	bs = BeautifulSoup(content, "xml")
html5lib 解析器	bs = BeautifulSoup(content, "html5lib")

3）BeautifulSoup 库的基本应用

因为 BeautifulSoup 库主要用于解析 HTML 文件、XML 文件，所以为了演示 BeautifulSoup 库的基本应用，我们首先新建一个简单的 HTML 文件 test.html，该文件中的内容如【代码 6-15】所示。

【代码 6-15】test.html 文件中的内容

```
<!DOCTYPE html>
<html>
    <head>
        <meta charset="UTF-8">
        <title> 标题 </title>
    </head>
    <body>
        <div id='c1'>
            <p> 文件内容 1</p>
            <p> 文件内容 2</p>
```

```
        </div>
        <div id='c2'>
            <p> 文件内容 3</p>
            <p> 文件内容 4</p>
        </div>
        <div id='c3'>
            <a><!-- 注释内容 --></a>
        </div>
    </body>
</html>
```

　　利用 BeautifulSoup4 库可以将复杂的 HTML 文件转换为一个复杂的树形结构。在这个树形结构中，每个节点都是 Python 对象，这些 Python 对象可以归纳为 4 类，分别为 Tag、NavigableString、BeautifulSoup 和 Comment。Tag 对象简单理解就是 HTML 中的标签，使用 BeautifulSoup 对象加标签名可以获取这些标签，但是当存在多个同名标签时，仅获取第一个符合要求的标签。NavigableString 对象是指标签中的内容，使用".string"可以获取这些内容。BeautifulSoup 对象表示一个文件中的全部内容，可以看作特殊的 Tag 对象。Comment 对象表示注释的内容，是一个特殊的 NavigableString 对象，但是其在输出内容时不包含注释符号，所以在解析包含注释内容的文件前需要进行相关判断。

　　下面对 test.html 文件进行解析，如【代码 6-16】所示。

【代码 6-16】解析 test.html 文件

```python
from bs4 import BeautifulSoup
# 打开 test.html 文件，将在第 7 章中详细介绍
file = open('test.html', 'rb')
html = file.read()
# 创建 BeautifulSoup 对象
bs = BeautifulSoup(html,"html.parser")
# 获取第一个 div 标签中的所有内容
print(bs.div)
# 获取标签的名称
print(bs.div.name)
# 获取标签的属性
print(bs.div.attrs)
# 获取标签中的内容
print(bs.p.string)
```

笔记

```
# 获取标签中的内容——不包含注释符号
print(bs.a.string)
# 获取 body 标签中的所有子节点并对其进行遍历
for i in bs.body.children:
    print(i)
```

【代码 6-16】的运行结果如图 6-37 所示。

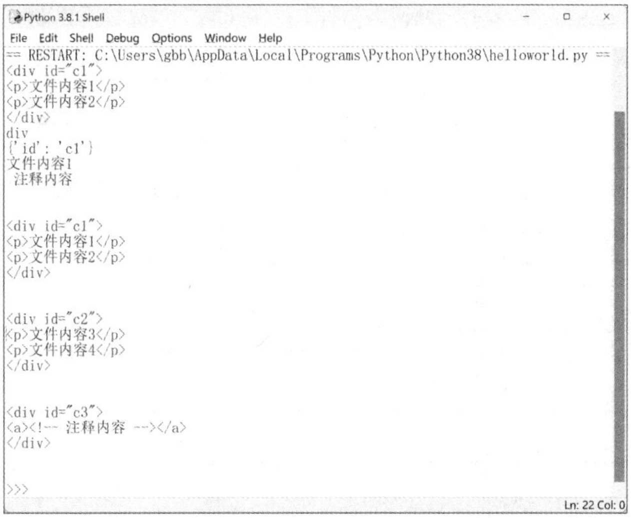

图 6–37　解析 test.html 文件——运行结果

我们可以使用 type() 函数查看对象的具体类型，如图 6-38 所示。在图 6-38 中，阴影部分为代码，无阴影部分为代码的运行结果。

```
type(bs.div)
bs4.element.Tag

type(bs.title.string)
bs4.element.NavigableString

type(bs)
bs4.BeautifulSoup

type(bs.a.string)
bs4.element.Comment
```

图 6–38　使用 type() 函数查看对象的具体类型

4）使用 BeautifulSoup 库遍历文件树时常用的属性和方法

使用 BeautifulSoup 库遍历文件树，可以获取父节点、子节点、兄弟节点等，常用的属性和方法如表 6-21 所示。

笔记

表 6-21　使用 BeautifulSoup 库遍历文件树时常用的属性和方法

常用的属性和方法	说明
children	获取所有子节点，返回一个生成器
descendants	获取所有子孙节点，返回一个生成器
parent	获取父节点
parents	递归得到父辈元素的所有节点，返回一个生成器
previous_siblings	获取当前 Tag 对象上面的所有兄弟节点，返回一个生成器
next_siblings	获取当前 Tag 对象下面的所有兄弟节点，返回一个生成器
strings	获取多个内容
stripped_strings	获取多个内容（去除多余的空白内容）
find_all(name, attrs, recursive, text, **kwargs)	搜索文件树，可以在参数中指定字符串、正则表达式、标签的 id、class 等，如 bs.find_all('div')、bs.find_all('div',class_='xxx')、bs.find_all(re.compile("xxx")) 等
find(...)	返回符合条件的第一个 Tag 对象
select(...)	根据指定的 CSS 选择器信息查找 Tag 对象，如 bs.select(' 标签名 ')、bs.select('#id 名 ')、bs.select('. 类名 ') 等

【练一练】

读者可以参考表 6-21，自行使用 BeautifulSoup 库遍历文件树。

6.3.3　案例 8：爬取某网站信息

 【案例描述】

近年来，电影产业飞速发展，电影已经成为艺术与娱乐的载体，与电影有关的数据越来越多，某网站中收录了大量影片和电影人的资料，记录了大量影迷的观影感受。

【案例要求】

本案例的主要目的是获取某网站中的 Top250 电影，共有 10 页，要求爬取每部电影的中文名称、评分、评分人数、导演、主演等信息，如图 6-39 所示。

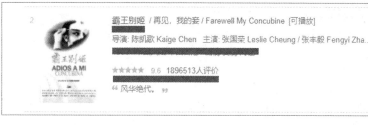

图 6-39　爬取电影的相关信息

【实现思路】

（1）获取每页的网页链接，使用 Requests 库进行网页下载。

（2）使用 BeautifulSoup 库和正则表达式进行网页解析。

（3）使用 Excel 文件保存数据。

【案例代码】

扫描右侧的二维码，可以查阅本案例的代码。

【运行结果】

运行本案例中的代码，会在 D 盘中生成一个 mouwangzhan.xls 文件，打开该文件，可以看到爬取的某网站信息如图 6-40 所示。

1	电影名称	评分	评价人数	相关信息
2	肖申克的救赎	9.7	2552643	导演: 弗兰克·德拉邦特 Frank Darabont　主演: 蒂姆·罗宾斯 Tim Robbins ... 1994　美国　犯罪 剧情
3	霸王别姬	9.6	1896513	导演: 陈凯歌 Kaige Chen　主演: 张国荣 Leslie Cheung　张丰毅 Fengyi Zha... 1993　中国大陆 中国香港　剧情 爱情 同性
4	阿甘正传	9.5	1917503	导演: 罗伯特·泽米吉斯 Robert Zemeckis　主演: 汤姆·汉克斯 Tom Hanks ... 1994　美国　剧情 爱情
5	泰坦尼克号	9.4	1878922	导演: 詹姆斯·卡梅隆 James Cameron　主演: 莱昂纳多·迪卡普里奥 Leonardo... 1997　美国 墨西哥 澳大利亚 加拿大　剧情 爱情 灾难
6	这个杀手不太冷	9.4	2075547	导演: 吕克·贝松 Luc Besson　主演: 让·雷诺 Jean Reno　娜塔莉·波特曼 ... 1994　法国 美国　剧情 动作 犯罪
7	美丽人生	9.6	1176391	导演: 罗伯托·贝尼尼 Roberto Benigni　主演: 罗伯托·贝尼尼 Roberto Beni... 1997　意大利　剧情 喜剧 爱情 战争
8	千与千寻	9.4	1998400	导演: 宫崎骏 Hayao Miyazaki　主演: 柊瑠美 Rumi Hîragi　入野自由 Miy... 2001　日本　剧情 动画 奇幻
9	辛德勒的名单	9.5	981538	导演: 史蒂文·斯皮尔伯格 Steven Spielberg　主演: 连姆·尼森 Liam Neeson... 1993　美国　剧情 历史 战争
10	盗梦空间	9.4	1841174	导演: 克里斯托弗·诺兰 Christopher Nolan　主演: 莱昂纳多·迪卡普里奥 Le... 2010　美国 英国　剧情 科幻 悬疑 冒险
11	忠犬八公的故事	9.4	1261806	导演: 莱塞·霍尔斯道姆 Lasse Hallström　主演: 理查·基尔 Richard Ger... 2009　美国 英国　剧情
12	星际穿越	9.4	1523446	导演: 克里斯托弗·诺兰 Christopher Nolan　主演: 马修·麦康纳 Matthew Mc... 2014　美国 英国 加拿大　剧情 科幻 冒险
13	楚门的世界	9.3	1445220	导演: 彼得·威尔 Peter Weir　主演: 金·凯瑞 Jim Carrey　劳拉·琳妮 Lau... 1998　美国　剧情 科幻
14	海上钢琴师	9.3	1495580	导演: 朱塞佩·托纳多雷 Giuseppe Tornatore　主演: 蒂姆·罗斯 Tim Roth ... 1998　意大利　剧情 音乐
15	三傻大闹宝莱坞	9.2	1673880	导演: 拉库马·希拉尼 Rajkumar Hirani　主演: 阿米尔·汗 Aamir Khan　卡... 2009　印度　剧情 喜剧 爱情 歌舞
16	机器人总动员	9.3	1179508	导演: 安德鲁·斯坦顿 Andrew Stanton　主演: 本·贝尔特 Ben Burtt　艾丽... 2008　美国　科幻 动画 冒险
17	放牛班的春天	9.3	1164073	导演: 克里斯托夫·巴拉蒂 Christophe Barratier　主演: 热拉尔·朱尼奥 Gé... 2004　法国 瑞士 德国　剧情 喜剧 音乐
18	无间道	9.3	1169498	导演: 刘伟强　麦兆辉　主演: 刘德华　梁朝伟　黄秋生 2002　中国香港　剧情 犯罪 惊悚
19	疯狂动物城	9.2	1675765	导演: 拜伦·霍华德 Byron Howard　瑞奇·摩尔 Rich Moore　主演: 金妮弗... 2016　美国　喜剧 动画 冒险
20	大话西游之大圣娶亲	9.2	1366693	导演: 刘镇伟 Jeffrey Lau　主演: 周星驰 Stephen Chow　吴孟达 Man Tat Ng... 1995　中国香港 中国大陆　喜剧 爱情 奇幻 古装
21	熔炉	9.3	831370	导演: 黄东赫 Dong-hyuk Hwang　主演: 孔侑 Yoo Gong　郑有美 Yu-mi Jung ... 2011　韩国　剧情
22	教父	9.3	839242	导演: 弗朗西斯·福特·科波拉 Francis Ford Coppola　主演: 马龙·白兰度 M... 1972　美国　剧情 犯罪
23	当幸福来敲门	9.2	1354277	导演: 加布里尔·穆奇诺 Gabriele Muccino　主演: 威尔·史密斯 Will Smith ... 2006　美国　剧情 传记 家庭
24	控方证人	9.6	431924	导演: 比利·怀尔德 Billy Wilder　主演: 泰隆·鲍华 Tyrone Power　玛琳·... 1957　美国　剧情 犯罪 悬疑
25	怦然心动	9.1	1620152	导演: 罗伯·莱纳 Rob Reiner　主演: 玛德琳·卡罗尔 Madeline Carroll　卡... 2010　美国　剧情 喜剧 爱情
26	龙猫	9.2	1128254	导演: 宫崎骏 Hayao Miyazaki　主演: 日高法子 Noriko Hidaka　坂本千夏 Ch... 1988　日本　动画 奇幻 冒险
27	触不可及	9.3	928183	导演: 奥利维·那卡什 Olivier Nakache　艾力克·托兰达 Eric Toledano　主... 2011　法国　剧情 喜剧
28	末代皇帝	9.3	747867	导演: 贝纳尔多·贝托鲁奇 Bernardo Bertolucci　主演: 尊龙 John Lone　陈... 1987　英国 意大利 中国大陆 法国　剧情 传记 历史
29	寻梦环游记	9.1	1440382	导演: 李·昂克里奇 Lee Unkrich　阿德里安·莫利纳 Adrian Molina　主演: ... 2017　美国　喜剧 动画 奇幻 音乐
30	蝙蝠侠：黑暗骑士	9.2	927926	导演: 克里斯托弗·诺兰 Christopher Nolan　主演: 克里斯蒂安·贝尔 Christ... 2008　美国 英国　剧情 动作 科幻 犯罪 惊悚
31	活着	9.3	726936	导演: 张艺谋 Yimou Zhang　主演: 葛优 You Ge　巩俐 Li Gong　姜武 Wu Jiang 1994　中国大陆 中国香港　剧情 历史 家庭
32	哈利·波特与魔法石	9.1	1006061	导演: Chris Columbus　主演: Daniel Radcliffe　Emma Watson　Rupert Grint 2001　美国 英国　奇幻 冒险
33	指环王3：王者无敌	9.3	709502	导演: 彼得·杰克逊 Peter Jackson　主演: 伊利亚·伍德 Elijah Wood　西恩... 2003　美国 新西兰　剧情 动作 奇幻 冒险
34	乱世佳人	9.3	612860	导演: 维克多·弗莱明 Victor Fleming　乔治·库克 George Cukor　主演: 费... 1939　美国　剧情 历史 爱情 战争
35	素媛	9.3	598456	导演: 李濬益 Jun-ik Lee　主演: 薛景求 Kyung-gu Sol　严志媛 Ji-won Uhm ... 2013　韩国　剧情
36	飞屋环游记	9.1	1178795	导演: 彼特·道格特 Pete Docter　鲍勃·彼德森 Bob Peterson　主演: 爱德... 2009　美国　剧情 喜剧 动画 冒险
37	摔跤吧！爸爸	9.0	1400549	导演: 涅提·蒂瓦里 Nitesh Tiwari　主演: 阿米尔·汗 Aamir Khan　法缇玛... 2016　印度　剧情 传记 运动 家庭
38	何以为家	9.1	913027	导演: 娜丁·拉巴基 Nadine Labaki　主演: 扎因·拉费阿 Zain al-Rafeea ... 2018　黎巴嫩 美国 法国 塞浦路斯 卡塔尔 英国　剧情
39	我不是药神	9.0	1868828	导演: 文牧野 Muye Wen　主演: 徐峥 Zheng Xu　王传君 Chuanjun Wang　周... 2018　中国大陆　剧情 喜剧
40	十二怒汉	9.4	417501	导演: Sidney Lumet　主演: 亨利·方达 Henry Fonda　马丁·鲍尔萨姆 Marti... 1957　美国　剧情
41	哈尔的移动城堡	9.1	888874	导演: 宫崎骏 Hayao Miyazaki　主演: 倍赏千惠子 Chieko Baishô　木村拓... 2004　日本　动画 奇幻 冒险
42	少年派的奇幻漂流	9.1	1217239	导演: 李安 Ang Lee　主演: 苏拉·沙玛 Suraj Sharma　伊尔凡·可汗 Irrfan... 2012　美国 中国台湾 英国 加拿大　剧情 奇幻 冒险
43	鬼子来了	9.3	548179	导演: 姜文 Wen Jiang　主演: 姜文 Wen Jiang　香川照之 Teruyuki Kagawa ... 2000　中国大陆　剧情 喜剧
44	大话西游之月光宝盒	9.0	1089342	导演: 刘镇伟 Jeffrey Lau　主演: 周星驰 Stephen Chow　吴孟达 Man Tat Ng... 1995　中国香港 中国大陆　喜剧 爱情 奇幻 古装
45	天空之城	9.1	734049	导演: 宫崎骏 Hayao Miyazaki　主演: 田中真弓 Mayumi Tanaka　横泽启子 Ke... 1986　日本　动画 奇幻 冒险
46	猫鼠游戏	9.1	841304	导演: 史蒂文·斯皮尔伯格 Steven Spielberg　主演: 莱昂纳多·迪卡普里奥 L... 2002　美国 加拿大　传记 犯罪 剧情

图 6-40　爬取某网站信息——运行结果

笔记

6.3.4　小结回顾

📖【知识小结】

1．网络爬虫又称为网页蜘蛛、网络机器人，是一种按照一定的规则，自动抓取互联网信息的程序或脚本，已被广泛应用于互联网领域。

2．HTTP（HyperText Transfer Protocol，超文本传输协议）是一种基于请求与响应模式的无状态的应用层协议。

3．HTTP 是网页中数据通信的基础，我们在浏览器中输入任意一个 URL，都会发送一次 HTTP 请求。

4．网络爬虫的一般运行流程主要包括 3 个阶段，分别为网页下载、网页解析和数据存储。

5．可以使用 Requests 库下载网页，可以使用正则表达式、BeautifulSoup 库解析网页。

📊【知识足迹】

```
                                        ┌─ 网页基础
                        ┌─ 6.3.1 网络爬虫概述 ─┤
                        │               └─ 网络爬虫的一般运行流程
6.3 基于第三方库的爬虫应用 ─┼─ 6.3.2 爬虫的相关库 ─┬─ 网页下载库 Requests
                        │               └─ 网页解析库 BeautifulSoup
                        └─ 6.3.3 案例8：爬取豆瓣网信息
```

6.4　本章回顾

🌱【本章小结】

本章主要分为 3 部分，第一部分主要介绍模块、包和库的基本概念、导入方式及相关应用；第二部分主要介绍 re、time、datetime、hashlib 等 Python 中常用的标准库模块的相关知识及基本应用；第三部分以网络爬虫为载体，重点介绍网页下载库 Requests 和网页解析库 BeautifulSoup 的相关知识及基本应用，并且使用"爬取某网站信息"案例演示网络爬虫的运行流程。

【综合练习】

1. 【多选】模块的导入可以使用（　　　）。

    A．import 语句

    B．from...import 语句

    C．from...import * 语句

    D．import...in 语句

2. 【多选】关于模块，以下描述正确的有（　　　）。

    A．模块就是一个包含许多功能 / 方法的文件

    B．可以将每个 .py 文件都看作一个模块

    C．模块可以包含代码块、类、函数及它们的组合

    D．可以使用 from...import * 语句导入一个模块中的所有内容

3. 【多选】关于模块、包和库，以下描述正确的有（　　　）。

    A．库是为了方便管理与安装，将能够实现某些功能的模块和包封装得到的集合

    B．包是由模块、子包、子包下的子包等组成的 Python 应用环境

    C．简而言之，包就是文件夹，该文件夹中可以不包含 __init__.py 文件

    D．根据库是否已经包含在 Python 官方安装包中，可以将其分为标准库和第三方库

4. 以下不属于 Python 标准库的模块是（　　　）。

    A．Requests   B．re

    C．math   D．time

5. 关于正则表达式，以下描述错误的是（　　　）。

    A．正则表达式主要用于匹配字符串中的字符组合

    B．使用正则表达式可以检查一个字符串中是否包含某个子字符串，替换匹配的子字符串，从某个字符串中截取符合所需条件的子字符串，等等

    C．正则表达式主要由普通字符、元字符、重复限定符等组成

    D．正则表达式不能是单个字符

6. 关于正则表达式中的元字符，以下描述错误的是（　　　）。

　　A．"^"字符主要用于匹配字符串的开始

　　B．"\d"字符主要用于匹配一个数字字符

　　C．"\s"字符主要用于匹配任意非空白字符

　　D．"\w"字符主要用于匹配字母、数字、下画线或汉字

7. 关于正则表达式中的重复限定符，以下描述错误的是（　　　）。

　　A．"{n}"字符主要用于匹配前面的字符 n 次

　　B．"+"字符主要用于匹配前面的字符零次或多次

　　C．"{n,}"字符主要用于匹配前面的字符至少 n 次

　　D．"+"字符主要用于匹配前面的字符一次或多次

8. 关于日期和时间模块，以下描述错误的是（　　　）。

　　A．time 模块中的时间格式主要有 3 种，分别为时间戳、时间元组、格式化时间

　　B．datetime 模块在 time 模块的基础上重新进行了封装

　　C．datetime 模块中的 date 类主要用于表示日期

　　D．datetime 模块中的 time 类主要用于表示日期和时间

9. 关于爬虫，以下描述错误的是（　　　）。

　　A．网络爬虫是一种按照一定的规则，自动抓取互联网信息的程序或脚本

　　B．因为网络爬虫主要用于爬取网页中的数据，所以我们需要了解网页的基础知识

　　C．网络爬虫的一般运行流程主要包括 3 个阶段，分别为网页下载、网页解析和数据存储

　　D．在网页下载阶段，可以使用 Urllib 模块、Requests 库和 BeautifulSoup 库

10. 关于 Requests 库，以下描述错误的是（　　　）。

　　A．Requests 库是基于 Urllib 模块开发的

　　B．Requests 库是 Python 标准库

　　C．Requests 库中的 get() 方法主要用于以 GET 方式发送请求

　　D．在使用 Requests 库发送请求时，可以携带头部信息

11. 关于 BeautifulSoup 库，以下描述错误的是（　　　）。

　　A．BeautifulSoup 库是一个用于解析 HTML 文件、XML 文件的第
　　　　三方库

　　B．在使用 BeautifulSoup 库时，无须考虑编码方式

　　C．可以直接使用命令"import BeautifulSoup"导入 BeautifulSoup 库

　　D．BeautifulSoup 库在解析网页时需要依赖解析器

12. 列举 Python 中的 3 个常用的标准库模块。

第 **7** 章

异常处理与文件操作

【本章概览】

程序设计的要求之一就是程序的健壮性，大家都希望程序在运行时能够不出问题或少出问题，但是在实际的程序运行过程中，总会有一些不确定因素，导致程序不能正常运行。为了提高程序的健壮性，以便对程序中出现的错误进行更好的诊断，需要将不确定因素解释成异常，并且进行相应的异常处理。

在实际的程序开发过程中，异常处理是必不可少的环节，文件操作使用频率也非常高，如文件的读取、写入、复制等，并且在文件操作过程中，经常需要进行异常处理，因此将其放在一章进行介绍。

【知识路径】

7.1　异常处理

异常是在程序运行过程中，影响程序正常运行的事件。当 Python 程序触发异常时，我们需要将其捕获、处理，否则程序会停止运行。本节主要介绍 Python 中常见的内置异常类、Python 中主要异常类之间的继承关系、异常处理语句和自定义异常类。

7.1.1　异常概述

1．Python 中常见的内置异常类

我们之前遇到的 NameError、SyntaxError、TypeError 等都是 Python 中的内置异常类。Python 中常见的内置异常类如表 7-1 所示。

表 7-1　Python 中常见的内置异常类

内置异常类	说明
BaseException	所有异常类的基类
SystemExit	解释器请求退出。例如，在代码中调用 sys.exit() 方法时，会触发该异常
KeyboardInterrupt	用户中断执行，该异常通常因用户按下 Ctrl+C 组合键而触发
Exception	所有常规错误类的基类
OverflowError	该异常在数值运算超出最大限制时触发
ZeroDivisionError	该异常在除法或取余运算的第二个参数为零时触发
AssertionError	该异常在断言失败时触发
AttributeError	该异常在对象没有当前属性时触发
EnvironmentError	该异常在操作系统环境或标准库中的 I/O 操作出错时触发
IOError	该异常在输入／输出操作失败（如发生"文件未找到"或"磁盘已满"等错误）时触发
OSError	该异常在操作系统发生错误时触发
ImportError	该异常在导入模块／对象失败时触发
IndexError	该异常在序列索引超出范围时触发
KeyError	该异常在现有键集合中找不到指定键时触发
MemoryError	该异常在内存溢出时触发
NameError	该异常在某个局部或全局名称未找到时触发
RuntimeError	该异常为一般的运行时错误
SyntaxError	该异常在发生语法错误时触发
TypeError	该异常在类型不合适时触发
ValueError	该异常在传入无效的参数时触发
Warning	所有警告类的基类
FutureWarning	在构造将来语义时会发生改变的警告

笔记

内置异常类	说明
RuntimeWarning	可疑的运行时行为警告
SyntaxWarning	可疑的语法警告

2．Python 中主要异常类之间的继承关系

Python 中所有异常类的基类是 BaseException 类，所有常规错误类的基类是 Exception 类，所有警告类的基类是 Warning 类。Python 中主要异常类之间的继承关系如图 7-1 所示。

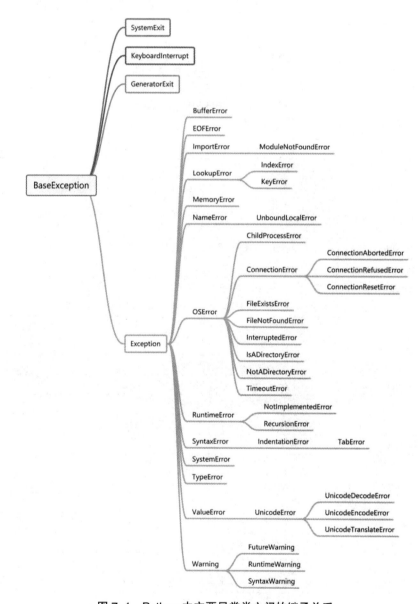

图 7-1　Python 中主要异常类之间的继承关系

7.1.2 异常处理语句

在程序开发过程中，有些异常在输入不合法时才会出现，此时我们可以对可能出现的异常进行处理。Python 中的异常处理语句有 3 种，分别为 try...except 语句、try...except...else 语句和 try...except...finally 语句。

1．try...except 语句

使用 try...except 语句可以捕获并处理异常，try 语句主要用于检测错误，except 语句主要用于捕获异常信息并对其进行处理。在使用 try...except 语句时，在 try 语句中放入可能发生错误的代码，在 except 语句中放入处理结果，如果 try 语句中的代码发生错误，则执行 except 语句中的代码；如果 try 语句中的代码没有发生错误，则不会执行 except 语句中的代码。

1）语法格式与参数说明

try...except 语句的语法格式如下：

```
try:
    block1
except [exception_name [as alias]]:
    block2
```

try...except 语句的参数及说明如表 7-2 所示。

表 7-2 try...except 语句的参数及说明

参数	说明
block1	表示可能发生错误的代码块
exception_name	【可选参数】指定要捕获的异常名称
as alias	【可选参数】为异常指定别名
block2	表示处理异常的代码块

2）try...except 语句的应用

下面我们演示 try...except 语句的应用，首先定义一个用于计算销量的函数 count()，如【代码 7-1】所示。

【代码 7-1】定义用于计算销量的函数 count()

```
def count():
    sales = int(input('请输入销售额: '))
    price = int(input('请输入单价: '))
    sales_volume = sales/price
    print('今年某服装的销量为: ',sales_volume)
```

如果没有进行任何异常处理，那么在将单价变量 price 的值设置为 0 时，会触发 ZeroDivisionError 异常，如图 7-2 所示。

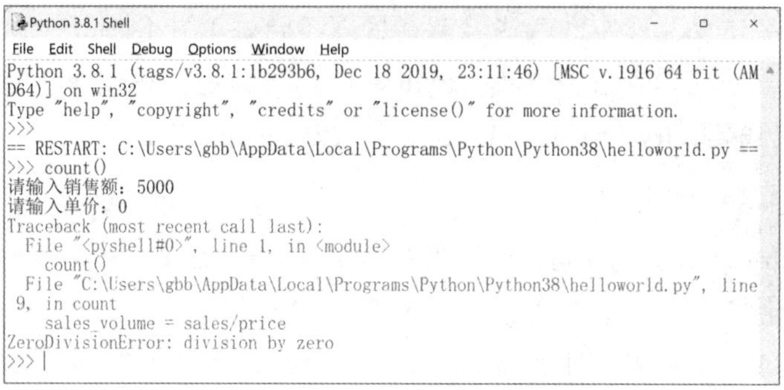

图 7-2　触发 ZeroDivisionError 异常

使用 try...except 语句进行异常处理，将 count() 函数放到 try 语句中，将发生错误的提示信息放到 except 语句中，如【代码 7-2】所示。

【代码 7-2】使用 try...except 语句后的 count() 函数

```
def count():
    sales = int(input('请输入销售额: '))
    price = int(input('请输入单价: '))
    sales_volume = sales/price
    print('今年某服装的销量为: ',sales_volume)
# 异常处理语句
try:
    count()
except ZeroDivisionError:
    print('输入不合法，单价不能为0')
```

运行【代码 7-2】，再次将单价变量 price 的值设置为 0，不会触发 ZeroDivisionError 异常，而会输出 except 语句中的提示信息，运行结果如图 7-3 所示。

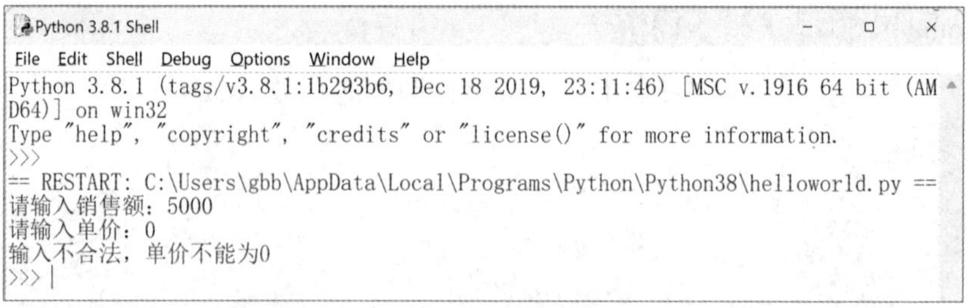

图 7-3　使用 try...except 语句后的 count() 函数——运行结果

笔记

3）多异常处理

在定义 count() 函数时，price 变量的数据类型为 int，如果输入小数，则会触发 ValueError 异常，如图 7-4 所示。

```
Python 3.8.1 Shell
File  Edit  Shell  Debug  Options  Window  Help
Python 3.8.1 (tags/v3.8.1:1b293b6, Dec 18 2019, 23:11:46) [MSC v.1916 64 bit (AM
D64)] on win32
Type "help", "copyright", "credits" or "license()" for more information.
>>>
== RESTART: C:\Users\gbb\AppData\Local\Programs\Python\Python38\helloworld.py ==
请输入销售额：5000
请输入单价：12.5
Traceback (most recent call last):
  File "C:\Users\gbb\AppData\Local\Programs\Python\Python38\helloworld.py", line
 11, in <module>
    count()
  File "C:\Users\gbb\AppData\Local\Programs\Python\Python38\helloworld.py", line
 6, in count
    price = int(input('请输入单价：'))
ValueError: invalid literal for int() with base 10: '12.5'
>>> |
```

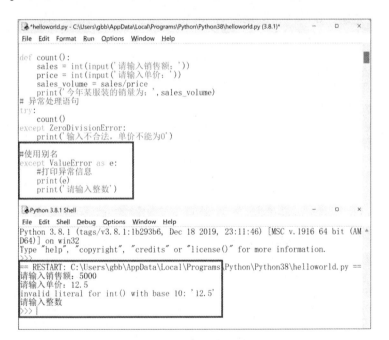

图 7–4　触发 ValueError 异常

前面我们已经处理了 ZeroDivisionError 异常，此时，我们可以再使用一个 except 语句对 ValueError 异常进行处理，如图 7-5 所示。

```
*helloworld.py - C:\Users\gbb\AppData\Local\Programs\Python\Python38\helloworld.py (3.8.1)*
File  Edit  Format  Run  Options  Window  Help

def count():
    sales = int(input('请输入销售额：'))
    price = int(input('请输入单价：'))
    sales_volume = sales/price
    print('今年某服装的销量为：',sales_volume)
# 异常处理语句
try:
    count()
except ZeroDivisionError:
    print('输入不合法，单价不能为0')
#使用别名
except ValueError as e:
    #打印异常信息
    print(e)
    print('请输入整数')
```

```
Python 3.8.1 Shell
File  Edit  Shell  Debug  Options  Window  Help
Python 3.8.1 (tags/v3.8.1:1b293b6, Dec 18 2019, 23:11:46) [MSC v.1916 64 bit (AM
D64)] on win32
Type "help", "copyright", "credits" or "license()" for more information.
>>>
== RESTART: C:\Users\gbb\AppData\Local\Programs\Python\Python38\helloworld.py ==
请输入销售额：5000
请输入单价：12.5
invalid literal for int() with base 10: '12.5'
请输入整数
>>> |
```

图 7–5　多异常处理

在图 7-5 中，再次将单价变量 price 的值设置为小数，不会触发 ValueError 异常，而会输出 except 语句中的提示信息。

笔记

【知识拓展】

异常传递

异常传递是指，如果某个函数中的代码发生异常，而该函数中没有异常处理器，那么这个异常会被传递给它的上一层，也就是该函数的调用者。

如果该函数的调用者设置了异常处理器，那么这个异常会被捕获；如果该函数的调用者也没有设置异常处理器，那么这个异常会继续向它的上一层传递，直到遇到异常处理器或到达最外层。

如果在最外层仍然没有遇到异常处理器，那么解释器会退出，并且输出相关的回溯信息，以便用户找到异常触发的原因。

2．try...except...else 语句与 try...except...finally 语句

在异常处理语句 try...except 的基础上，还可以增加 else 语句和 finally 语句。在 try 语句中没有触发异常时，会执行 else 语句中的代码；无论程序运行过程中是否触发异常，都会执行 finally 语句中的代码。

异常处理语句的执行逻辑如图 7-6 所示。

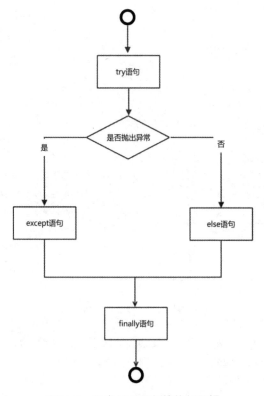

图 7-6　异常处理语句的执行逻辑

【知识小结】

　　一个异常处理模块中至少包含一个 try 语句和 except 语句，else 语句和 finally 语句为可选语句。

　　因为无论是否触发异常，finally 语句中的代码都会被执行，所以 finally 语句通常用于完成一些清理工作，如文件关闭、网络连接关闭等。

在图 7-5 中代码的基础上增加 else 语句和 finally 语句，如【代码 7-3】所示。

【代码 7-3】异常处理

```python
def count():
    sales = int(input('请输入销售额：'))
    price = int(input('请输入单价：'))
    sales_volume = sales/price
    print('今年某服装的销量为：',sales_volume)
# 异常处理语句
try:
    count()
except ZeroDivisionError:
    print('输入不合法，单价不能为0')
# 使用别名
except ValueError as e:
    print(e)
    print('请输入整数')
# 增加 else 语句
else:
    print('没有触发异常')
# 增加 finally 语句
finally:
    print('无论是否触发异常，始终执行')
```

【代码 7-3】的运行结果如图 7-7 所示。

图 7-7　异常处理——运行结果

7.1.3　自定义异常类

在程序开发过程中，当 Python 中的内置异常类不能满足业务需求时，我们可以自定义异常类。自定义的异常类需要直接或间接继承 Exception 类，然后使用 raise 语句抛出异常。

自定义异常类的应用示例如【代码 7-4】所示。

【代码 7-4】自定义异常类的应用示例

```python
import re
# 自定义异常类
class PhoneFormatException(Exception):
    def __init__(self, length):
        super().__init__(self)
        self.length = length
# 获取手机号码的函数
def get_tel():
    s = input('请输入手机号码: ')
    pattern = re.compile('1\d{10}$')
    if (re.match(pattern,s)) is None:
        # 抛出自定义的异常
        raise PhoneFormatException(len(s))
    return s
# 异常处理
while True:
    try:
        tel = get_tel()
    except PhoneFormatException as e:
        print('格式不正确，请重新输入! ')
        print('输入的手机号码长度: ',e.length)
    else:
        print('输入的手机号码: ',tel)
        break
```

【代码 7-4】的运行结果如图 7-8 所示。

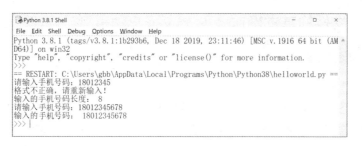

图 7-8 自定义异常类的应用示例——运行结果

7.1.4 小结回顾

【知识小结】

1．异常是在程序运行过程中，影响程序正常运行的事件。

2．Python 中常见的内置异常类包括 ImportError、IndexError、NameError、SyntaxError、TypeError 等。

3．Python 中 的 异 常 处 理 语 句 有 3 种， 分 别 为 try...except 语 句、try...except...else 语句和 try...except...finally 语句。

4．自定义的异常类需要直接或间接继承 Exception 类，然后使用 raise 语句抛出异常。

【知识足迹】

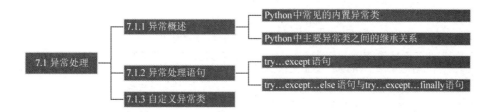

7.2 文件操作

因为大部分数据都是使用文件存储的，所以文件操作是程序开发过程中的重要部分，也是程序员必须掌握的知识点。

7.2.1 文件的基本操作

1．文件分类

我们在日常生活和工作中接触的文件类型有很多，如 Word 文件、PPT 文件、音频文件、视频文件等。无论哪种类型的文件，在内存或磁盘中都是以二进制编码的形式存储的。因此，根据不同的编码逻辑，可以将文件分为两类，分别为文本文件和二进制文件。

1）文本文件

文本文件中存储的是人类可以直接阅读的字符，采用的是字符编码，如 ASCII、Unicode、GBK、UTF-8 等。编码过程就是将字符转换为二进制编码，解码过程就是将二进编码制还原为字符。

2）二进制文件

二进制文件中存储的是除字符外的其他信息，包括图片、音频、视频等。因为图片、音频、视频等信息的格式转换比较复杂，并且有各自的标准，所以为了简化，将其按照一定的编码规则转换为二进制数据并存储于文件中，这种文件就是二进制文件。人类需要借助相应的软件（如视频播放器）才能查看二进制文件中的图片、音频、视频等信息。

2．文件的打开和关闭

1）文件打开函数

在 Python 中，使用 open() 函数可以打开文件，其语法格式如下：

```
file = open(file_name [, access_mode][, buffering])
```

open() 函数的参数及说明如表 7-3 所示。

表 7-3　open() 函数的参数及说明

参数	说明
file	表示被打开的文件对象
file_name	文件名称，采用字符串类型
access_mode	【可选参数】指定打开文件的模式，默认采用只读模式
buffering	【可选参数】指定读 / 写文件的缓冲模式，默认值为 -1，表示使用默认大小的缓冲区

access_mode 参数的取值如表 7-4 所示。

表 7-4　access_mode 参数的取值

取值	分类	说明
r	【文本文件】 文件需存在	【默认值】以只读模式打开一个文本文件。文件指针位于文件的开头
r+		以读 / 写模式打开一个文本文件。文件指针位于文件的开头
rb	【二进制文件】 文件需存在	以只读模式打开一个二进制文件。文件指针位于文件的开头
rb+		以读 / 写模式打开一个二进制文件。文件指针位于文件的开头
w	【文本文件】如 果文件存在，则 将其覆盖；如果 文件不存在，则 创建一个新文件	以只写模式打开一个文本文件。如果该文件已存在，则打开该文件，并且从头开始编辑，即原有内容会被删除；如果该文件不存在，则创建一个新文件
w+		以读 / 写模式打开一个文本文件。如果该文件已存在，则打开该文件，并且从开头开始编辑，即原有内容会被删除；如果该文件不存在，则创建一个新文件
a	【文本文件】如 果文件存在，则 追加写入；如果 文件不存在，则 创建一个新文件	以追加模式打开一个文本文件。如果该文件已存在，那么文件指针位于文件的结尾，也就是说，新的内容会被追加到已有内容后面；如果该文件不存在，则创建一个新文件，用于进行写入操作
a+		以读 / 写模式打开一个文本文件。如果该文件已存在，那么文件指针位于文件的结尾，即文件被打开时会采用追加模式；如果该文件不存在，则创建一个新文件，用于进行读 / 写操作
wb	【二进制文件】 如果文件存在，则 将其覆盖；如果文 件不存在，则创建 一个新文件	以只写模式打开一个二进制文件。如果该文件已存在，则打开该文件，并且从开头开始编辑，即原有内容会被删除；如果该文件不存在，则创建一个新文件
wb+		以读 / 写模式打开一个二进制文件。如果该文件已存在，则打开该文件，并且从开头开始编辑，即原有内容会被删除；如果该文件不存在，则创建一个新文件
ab	【二进制文件】 如果文件存在，则 追加写入；如果文 件不存在，则创建 一个新文件	以追加模式打开一个二进制文件。如果该文件已存在，那么文件指针位于文件的结尾，也就是说，新的内容会被追加到已有内容后面；如果该文件不存在，则创建一个新文件，用于进行写入操作
ab+		以读 / 写模式打开一个二进制文件。如果该文件已存在，那么文件指针位于文件的结尾，即文件被打开时会采用追加模式；如果该文件不存在，则创建一个新文件，用于进行读 / 写操作

buffering 参数的取值如表 7-5 所示。

表 7-5　buffering 参数的取值

取值	说明
-1	【默认值】表示使用默认大小的缓冲区，在二进制模式下，一般为 4 096 字节或 8 192 字节；在文本模式下，缓冲区大小依情况而定（如果终端设备采用行缓冲模式，那么在遇到换行符后，会刷新缓冲区，并且将内容转存至终端设备；如果终端设备不采用行缓冲模式，则会使用默认大小的缓冲区）
0	仅支持二进制模式，关闭缓冲区

续表

取值	说明
1	在二进制模式下，缓冲区大小为 1 字节；在文本模式下，终端设备采用行缓冲模式
大于 1 的整数	在二进制模式下，表示缓冲区大小

在正常情况下，程序运行在内存中。缓冲区就是一个内存空间，可以将其看作一个 FIFO（先进先出）队列，当缓冲区达到阈值或满了时，数据会被写入磁盘。需要注意的是，对于 buffering 参数，建议使用默认的缓冲区设置，除非明确知道所需的缓冲区大小。

2）文件关闭函数

在打开文件后，如果不需要对其进行操作，则需要将其及时关闭。在 Python 中，使用 close() 函数关闭文件，其语法格式如下：

```
file.close()
```

其中，file 表示之前打开的、待关闭的文件对象。

文件操作一般需要和异常处理语句结合使用，close() 函数一般被放在 finally 语句中。close() 函数在运行时会先刷新缓冲区中还没写入的信息，再关闭文件。

3）文件打开函数和文件关闭函数的应用

下面我们演示一下文件打开函数和文件闭关函数的应用。

在 Jupyter Notebook 中新建一个文本文件，如图 7-9 所示。

图 7-9　在 Jupyter Notebook 中新建文本文件

将新建的文本文件重命名为"test.txt"，并且编辑 test.txt 文件中的文本内容，如图 7-10 所示。

图 7-10　编辑 test.txt 文件中的文本内容

使用代码"file = open('test.txt')"打开 test.txt 文件，然后访问 file 对象，运行结果如图 7-11 所示。

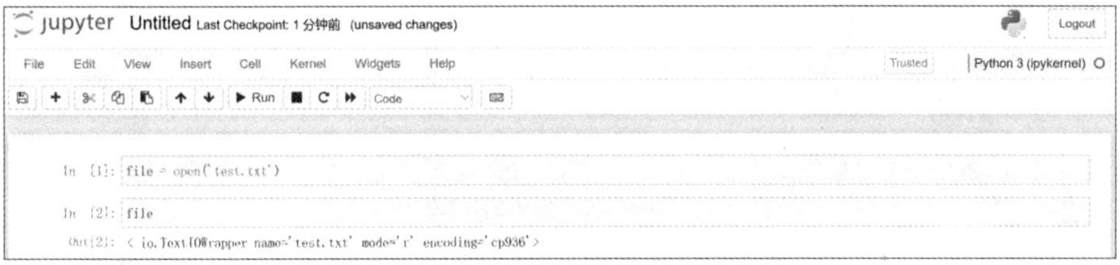

图 7-11　打开文件

在图 7-11 中，因为我们没有传递 access_mode 参数，所以是采用默认的只读模式打开 test.txt 文件，编码方式为 CP936。如果要采用 UTF-8 编码，则可以使用代码"file = open('test.txt',encoding='utf-8')"打开 test.txt 文件，此时再次访问 file 对象，编码方式就变为了 UTF-8，如图 7-12 所示。

图 7-12　在打开文件时指定编码方式

在有了 file 对象后，可以通过 mode、name、closed 属性分别获取文件打开模式、文件名称和文件是否关闭信息，如图 7-13 所示。

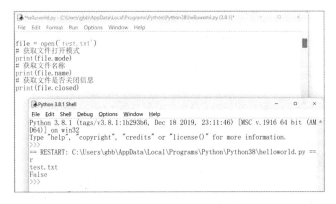

图 7-13　file 对象的相关属性

如果要打开一个不存在的文件，则会触发 FileNotFoundError 异常，如图 7-14 所示。

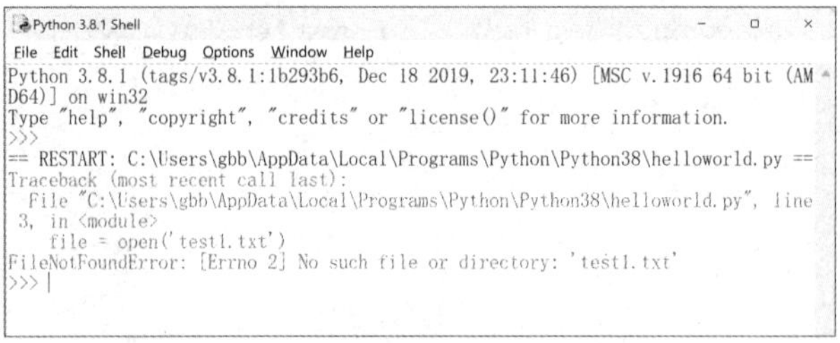

图 7-14　触发 FileNotFoundError 异常

此时可以在打开文件时进行异常处理，并且在 finally 语句中关闭文件，如【代码 7-5】所示。

【代码 7-5】打开和关闭文件时的异常处理

```
try:
    file = open('test1.txt',encoding='utf-8')
except FileNotFoundError as e:
    print(e)
    print('您打开的文件不存在')
else:
    print('文件打开模式: ',file.mode)
    print('文件名称: ',file.name)
    print('文件是否关闭: ',file.closed)
finally:
    file.close()
print('文件是否关闭: ',file.closed)
```

【代码 7-5】的运行结果分别如图 7-15 和图 7-16 所示。

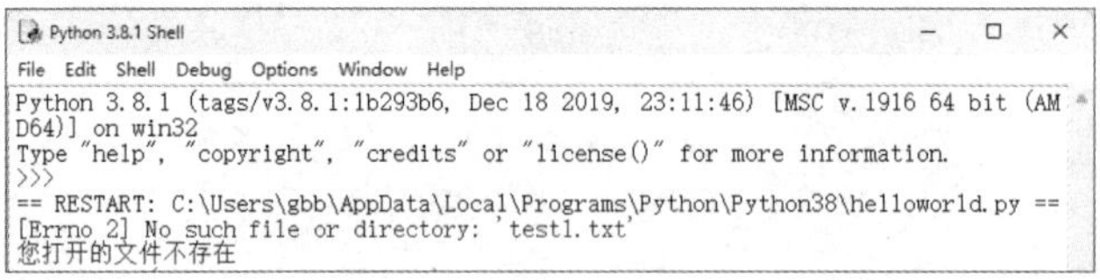

图 7-15　打开和关闭文件时的异常处理——运行结果（1）

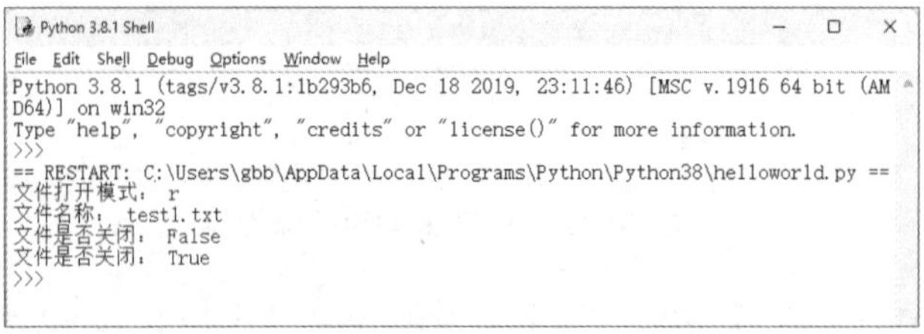

图 7-16　打开和关闭文件时的异常处理——运行结果（2）

3. 文件的读 / 写

Python 中的 file 对象提供了一些方法，用于对文件进行读 / 写。file 对象常用的文件读 / 写方法如表 7-6 所示。

表 7-6　file 对象常用的文件读 / 写方法

方法	说明
write()	向文件中写入内容
flush()	刷新缓冲区，也就是将缓冲区中的数据立刻写入文件，并且清空缓冲区
read([size])	从一个打开的文件中读取字符。size 参数为可选参数，主要用于指定要读取的字符个数；如果不指定 size 参数的值，则会读取所有字符
seek(offset[,when])	移动文件指针。offset 参数主要用于指定移动的字符个数；when 参数为可选参数，主要用于指定从什么位置开始移动，值为 0 表示从文件头开始移动，值为 1 表示表从当前位置开始移动，值为 2 表示从文件尾开始移动，默认从文件头开始移动
readline()	每次读取一行数据
readlines()	读取全部行，返回一个列表

文件读 / 写的应用示例如【代码 7-6】所示。

【代码 7-6】文件读 / 写的应用示例

```
# 打开文件
f = open('test1.txt','w+',encoding='utf-8')
# 写入数据
for i in range(5):
    f.write('Hello World!'+str(i)+'\n')
# 刷新缓冲区
f.flush()
# 回到文件头
f.seek(0)
# 读取数据
data = f.read()
print(data)
# 关闭文件
f.close()
```

【代码 7-6】的运行结果如图 7-17 所示。

需要注意的是，在读 / 写模式下，如果先写后读，那么在进行写入操作后，文件指针会移动到文件尾，要读取文件内容，需要先将文件指针移动到文件头（f.seek(0)）。

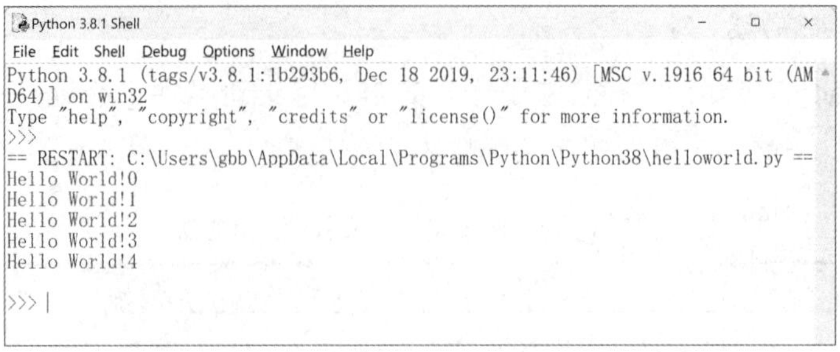

图 7-17　文件读 / 写的应用示例——运行结果

在读 / 写模式下，如果文件不存在，则会创建一个新文件。在运行【代码 7-6】前，Jupyter Notebook 中没有 test1.txt 文件；在运行【代码 7-6】后，可以发现 Jupyter Notebook 中多了一个 test1.txt 文件，该文件中的内容如图 7-18 所示。

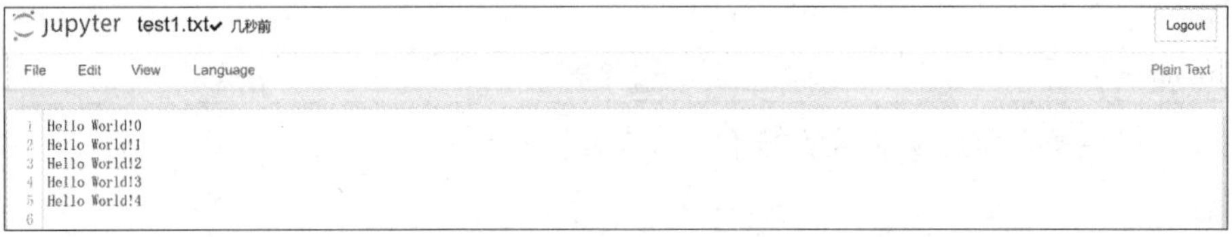

图 7-18　test1.txt 文件中的内容

在【代码 7-6】中，使用 read() 方法读取数据。下面分别使用 readline() 和 readlines() 方法读取数据，查看使用 read() 方法、readline() 方法和 readlines() 方法读取的数据之间有什么区别，如图 7-19 所示。其中，data 变量中存储的是使用 read() 方法读取的数据，data1 变量中存储的是使用 readline() 方法读取的数据，data2 变量中存储的是使用 readlines() 方法读取的数据。

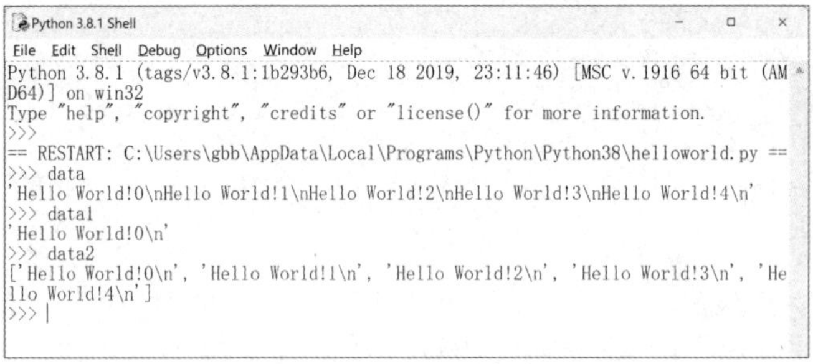

图 7-19　使用 read() 方法、readline() 方法和 readlines() 方法读取的数据之间的区别

7.2.2　使用 os 模块操作文件及目录

Python 中的 os 模块及其子模块 os.path 提供了一些函数，用于进行文件处理和目录操作。

1．文件处理

os 模块提供了 rename() 函数和 remove() 函数，分别用于重命名文件和删除文件。rename() 函数主要传递两个参数，第一个参数为文件原名称，第二个参数为文件的新名称，其语法格式如下：

```
os.rename(oldname,newname)
```

例如，将【代码 7-6】中的 test1.txt 文件重命名为 "test2.txt"，可以使用代码 "os.rename('test1.txt','test2.txt')"，如图 7-20 所示。

图 7-20　重命名文件示例

remove() 函数的参数是待删除文件的路径。例如，要删除上面重命名后的 test2.txt 文件，可以使用代码 "os.remove('test2.txt')"。

2．目录操作

1）创建目录

os 模块中用于创建目录的基础函数是 os.mkdir(path)，如果要在 C 盘中新建一个 test 目录，则可以使用代码 "os.mkdir('C:\\test')"。需要注意的是，在使用 os.mkdir(path) 函数时，如果 C 盘中已经存在 test 目录，则会触发 FileExistsError 异常，如图 7-21 所示。

```
Python 3.8.1 Shell
File  Edit  Shell  Debug  Options  Window  Help
Python 3.8.1 (tags/v3.8.1:1b293b6, Dec 18 2019, 23:11:46) [MSC v.1916 64 bit (AM
D64)] on win32
Type "help", "copyright", "credits" or "license()" for more information.
>>>
== RESTART: C:\Users\gbb\AppData\Local\Programs\Python\Python38\helloworld.py ==
>>>
== RESTART: C:\Users\gbb\AppData\Local\Programs\Python\Python38\helloworld.py ==
Traceback (most recent call last):
  File "C:\Users\gbb\AppData\Local\Programs\Python\Python38\helloworld.py", line
3, in <module>
    os.mkdir('C:\\test')
FileExistsError: [WinError 183] 当文件已存在时，无法创建该文件。: 'C:\\test'
>>>
```

图 7-21　创建已存在的目录会触发 FileExistsError 异常

遇到这种情况，可以先使用 os.path.exists(path) 函数判断目录是否存在，在确认目录不存在后再创建目录，示例如【代码 7-7】所示。

笔记

【代码 7-7】创建目录的应用示例

```
import os
path = 'C:\\test'
if not os.path.exists(path):
    os.mkdir(path)
    print('创建目录成功')
else:
    print('该目录已存在')
```

在要创建的目录不存在的情况下，连续运行两次【代码 7-7】，结果如图 7-22 所示。

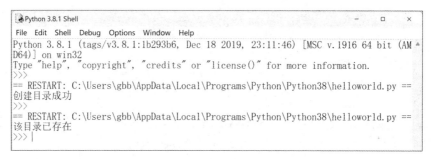

图 7-22　创建目录的应用示例——运行结果

创建的目录可以在指定的路径下查看，如图 7-23 所示。

图 7-23　查看创建的目录

2）创建多级目录

前面介绍的 mkdir() 函数主要用于创建一级目录，如果要创建的目录有多级，并且最后一级的上级目录不存在，那么使用 mkdir() 函数创建目录会触发 FileNotFoundError 异常，如图 7-24 所示。

图 7-24　触发 FileNotFoundError 异常

此时，可以使用 os.makedirs(path) 函数以递归的方式创建多级目录，如图 7-25 所示。

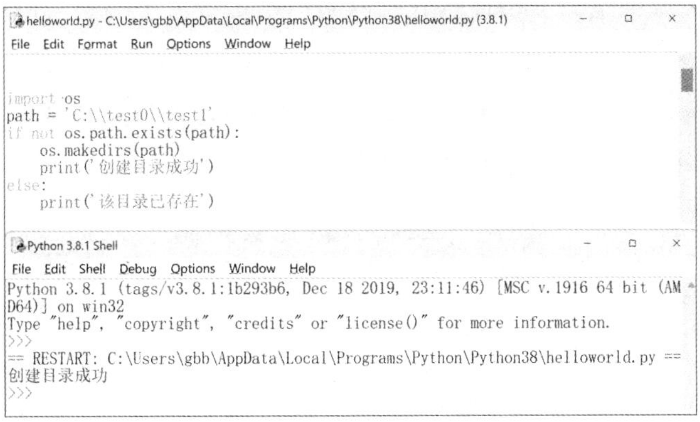

图 7-25　创建多级目录

3）删除目录

使用 os.rmdir(path) 函数可以删除目录。需要注意的是，使用该函数只能删除空目录。例如，要删除【代码 7-7】中创建的目录 C:\\test0\\test1，可以使用代码 "os.rmdir('C:\\test0\\test1')"。在运行这条代码后，再次查看 test0 文件夹，可以看到 test0 文件夹中已经为空了（表示 test1 目录删除成功），如图 7-26 所示。

图 7-26　删除空目录 test1

如果我们在 test0 文件夹中新建一个 test.txt 文件，然后使用 os.rmdir(path) 函数删除 test0 文件夹，会触发 OSError 异常，如图 7-27 所示。

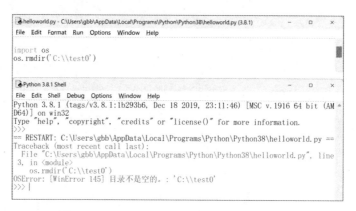

图 7-27　删除非空目录会触发 OSError 异常

4）遍历目录

使用 os 模块中的 walk() 函数可以遍历指定目录下的所有目录和文件，其语法格式如下：

```
tuples = os.walk(top[, topdown[, onerror[, followlinks]]])
```

walk() 函数的参数及说明如表 7-7 所示。

表 7-7　walk() 函数的参数及说明

参数	说明
tuples	遍历指定目录后返回的结果，采用元组类型，包括 3 部分，分别为 root、dirs 和 files。其中，root 表示当前正在遍历的目录，采用字符串类型；dirs 表示当前目录下包含的子目录，采用列表类型；files 表示当前目录下包含的文件，采用列表类型
top	指定要遍历的目录路径
topdown	【可选参数】指定遍历顺序，如果值为 True，则按照从上到下的顺序遍历（先遍历根目录）；如果值为 False，则按照从下到上的顺序遍历（先遍历最后一级子目录）。默认值为 True
onerror	【可选参数】指定异常处理方式，默认不指定
followlinks	【可选参数】指定遍历方式，如果值为 True，则会遍历指定目录下的快捷方式；如果值为 False，则会优先遍历指定目录下的子目录。默认值为 False

下面举例演示 walk() 函数的应用。假设有一个目录结构，如图 7-28 所示。

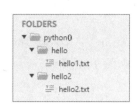

图 7-28　目录结构

遍历图 7-28 中的目录，如【代码 7-8】所示。

【代码 7-8】遍历目录（1）

```python
import os
# 指定要遍历的目录路径
path = 'C:\\python0'
# 遍历目录
tuples = os.walk(path)
for i in tuples:
    print(i)
```

【代码 7-8】的运行结果如图 7-29 所示。

```
Python 3.8.1 Shell                                              −   □   ×
File  Edit  Shell  Debug  Options  Window  Help
Python 3.8.1 (tags/v3.8.1:1b293b6, Dec 18 2019, 23:11:46) [MSC v.1916 64 bit (AM
D64)] on win32
Type "help", "copyright", "credits" or "license()" for more information.
>>>
== RESTART: C:\Users\gbb\AppData\Local\Programs\Python\Python38\helloworld.py ==
('C:\\python0', ['hello', 'hello2'], [])
('C:\\python0\\hello', [], ['hello1.txt'])
('C:\\python0\\hello2', [], ['hello2.txt'])
>>> |
```

图 7-29　遍历目录（1）——运行结果

图 7-29 的中遍历结果显示得并不友好，为了看起来更舒适，可以结合路径拼接函数 os.path.join() 实现更好的显示效果，如【代码 7-9】所示。

【代码 7-9】遍历目录（2）

```python
import os
# 指定要遍历的目录路径
path = 'C:\\python0'
# 遍历目录
tuples = os.walk(path)
print(path,' 目录下包含的目录和文件如下: ')
for root,dirs,files in tuples:
    for name in dirs:
        # 使用 os.path.join() 函数进行路径拼接
        print('--d:',os.path.join(root,name))
```

笔记

```
for name in files:
    print('--f:',os.path.join(root,name))
```

【代码 7-9】的运行结果如图 7-30 所示。

图 7-30　遍历目录（2）——运行结果

3．常用函数总结

除了前面介绍的文件处理和目录操作的相关函数，os 模块及其子模块 os.path 还提供了获取当前工作目录、获取绝对路径等函数。为了方便大家记忆，现在对 os 模块及其子模块 os.path 中常用的函数进行总结，如表 7-8 所示。

表 7-8　os 模块及其子模块 os.path 中常用的函数

常用的函数	说明
os.rename(oldname,newname)	重命名文件
os.remove(path)	删除文件
os.mkdir(path)	创建目录，只能创建指定路径下的最后一级目录
os.makedirs(path)	以递归的方式创建多级目录
os.rmdir(path)	删除目录
os.walk(...)	获取指定目录下的所有目录和文件
os.getcwd()	获取当前工作目录
os.curdir	获取当前目录，即 "."
os.pardir	获取当前目录的父目录，即 ".."
os.path.abspath(path)	获取文件或目录的绝对路径
os.path.split(path)	将路径分割成目录和文件名
os.path.join(path1[,path2[,...]])	拼接路径
os.path.exists(path)	判断指定路径是否存在
os.path.isfile (path)	判断是否为文件
os.path.isdir (path)	判断是否为目录

7.2.3　二进制文件的读 / 写操作

在 Python 中，可以使用 struct 模块进行二进制文件的读 / 写操作。关于这部分内容，读者可以扫描左侧的二维码查阅相关资料。

7.2.4 基于 shutil 模块的文件操作

 笔记

shutil 模块是一个用于对文件、文件夹进行复制、移动、压缩等操作的高级模块。读者可以扫描右侧的二维码查阅相关资料。

7.2.5 Excel 文件的相关操作

在程序开发过程中,经常需要处理 Excel 文件。Python 中提供了一些用于进行 Excel 文件相关操作的第三方模块。

- 使用 xlwt 模块可以对以 ".xls" 为后缀(2003 及之前的版本)的 Excel 文件(简称 .xls 文件)进行写入操作。

- 使用 xlrd 模块可以对以 ".xls" 为后缀(2003 及之前的版本)的 Excel 文件进行读取操作。

- 使用 xlutils 模块可以进行 xlwt 和 xlrd 模块中的对象类型转换。

- 使用 openpyxl 模块可以对以 ".xlsx" 为后缀(2007 及之后的版本)的 Excel 文件(简称 .xlsx 文件)进行读 / 写操作。

1. 使用 xlwt 模块对 .xls 文件进行写入操作

使用 xlwt 模块对 .xls 文件进行写入操作,一般需要 5 个步骤,如图 7-31 所示。

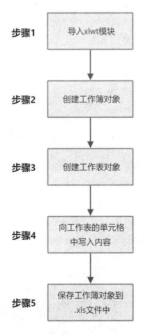

图 7-31　对 .xls 文件进行写入操作的步骤

使用 xlwt 模块对 .xls 文件进行写入操作的应用示例如【代码 7-10】所示。

【代码 7-10】使用 xlwt 模块对 .xls 文件进行写入操作的应用示例

```python
# 1- 导入 xlwt 模块
import xlwt
# 2- 创建工作簿对象
workbook = xlwt.Workbook(encoding='utf-8')
# 3- 创建工作表对象
# workbook.add_sheet(sheetname[,cell_overwrite_ok=True])
# 因为在写入操作过程中需要修改单元格数据
# 所以将cell_overwrite_ok参数的值设置为True
worksheet = workbook.add_sheet('sheet1',cell_overwrite_ok=True)
# 4- 向工作表的单元格中写入内容
# worksheet.write(i,j,d[,style])
# 其中，i 表示行，j 表示列，d 表示待写入的数据，style 用于设置样式
data = (('姓名','性别','年龄'),('张三','男',20),('李四','男',22),
('王五','男',18))
for i in range(len(data)):
    for j in range(len(data[0])):
        worksheet.write(i,j,data[i][j])
# 5- 将工作簿对象保存到 .xls 文件中
workbook.save('C:\\test.xls')
```

运行【代码 7-10】，查看 C 盘，发现其中多了一个 test.xls 文件，该文件中的内容如图 7-32 所示。

姓名	性别	年龄
张三	男	20
李四	男	22
王五	男	18

图 7-32 test.xls 文件中的内容

在使用 xlwt 模块对 .xls 文件进行写入操作时，还可以对列宽、行高、对齐方式等进行设置。下面对【代码 7-10】中的应用示例进行改造，如【代码 7-11】所示。

【代码 7-11】在使用 xlwt 模块对 .xls 文件进行写入操作时设置文件格式

```python
import xlwt
# 创建工作簿对象
workbook = xlwt.Workbook(encoding='utf-8')
# 创建工作表对象
```

```
worksheet = workbook.add_sheet('sheet1',cell_overwrite_ok=True)
# 向工作表的单元格中写入内容
data = (('姓名','性别','年龄'),('张三','男',20),('李四','男',22),
('王五','男',18))
# 设置对齐方式
alignment = xlwt.Alignment()
# 水平居中
alignment.horz = xlwt.Alignment.HORZ_CENTER
# 垂直居中
alignment.vert = xlwt.Alignment.VERT_CENTER
style = xlwt.XFStyle()
style.alignment = alignment
for i in range(len(data)):
    for j in range(len(data[0])):
        # 设置列宽
        worksheet.col(j).width = 3200
        # 设置行高
        tall_style = xlwt.easyxf('font:height 520;')
        worksheet.row(i).set_style(tall_style)
        # 设置水平居中和垂直居中
        worksheet.write(i,j,data[i][j],style)
# 将工作簿对象保存到 .xls 文件中
workbook.save('C:\\test.xls')
```

笔记

运行【代码7-11】，得到新的test.xls文件，该文件中的内容如图7-33所示。

	A	B	C
1	姓名	性别	年龄
2	张三	男	20
3	李四	男	22
4	王五	男	18

图 7-33　设置格式后的 test.xls 文件中的内容

和图 7-32 相比，图 7-33 中表格的行高、列宽、对齐方式都发生了变化。

2．使用 xlrd 模块对 .xls 文件进行读取操作

使用 xlrd 模块对 .xls 文件进行读取操作，一般需要 4 个步骤，如图 7-34 所示。

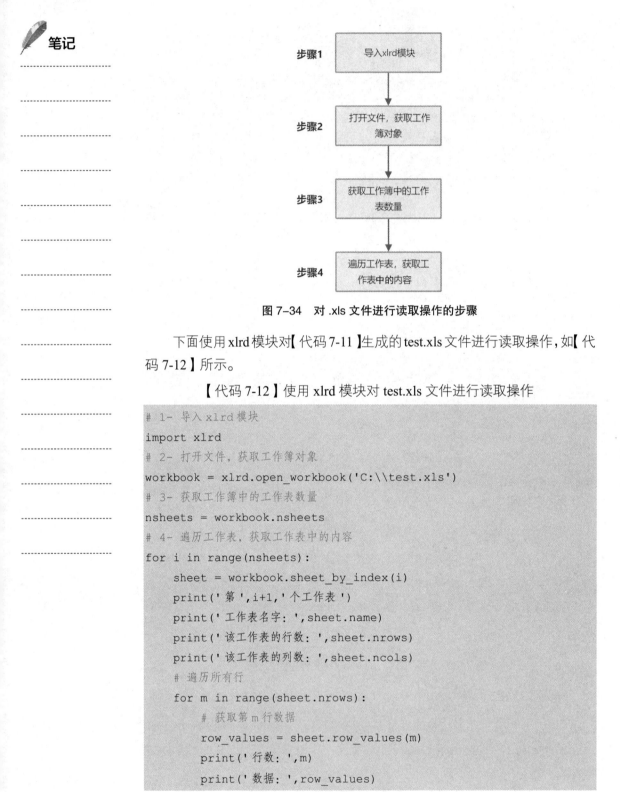

图 7-34　对 .xls 文件进行读取操作的步骤

下面使用xlrd模块对【代码7-11】生成的test.xls文件进行读取操作，如【代码 7-12 】所示。

【代码 7-12 】使用 xlrd 模块对 test.xls 文件进行读取操作

```python
# 1- 导入 xlrd 模块
import xlrd
# 2- 打开文件，获取工作簿对象
workbook = xlrd.open_workbook('C:\\test.xls')
# 3- 获取工作簿中的工作表数量
nsheets = workbook.nsheets
# 4- 遍历工作表，获取工作表中的内容
for i in range(nsheets):
    sheet = workbook.sheet_by_index(i)
    print(' 第 ',i+1,' 个工作表 ')
    print(' 工作表名字: ',sheet.name)
    print(' 该工作表的行数: ',sheet.nrows)
    print(' 该工作表的列数: ',sheet.ncols)
    # 遍历所有行
    for m in range(sheet.nrows):
        # 获取第 m 行数据
        row_values = sheet.row_values(m)
        print(' 行数: ',m)
        print(' 数据: ',row_values)
```

【代码 7-12 】的运行结果如图 7-35 所示。

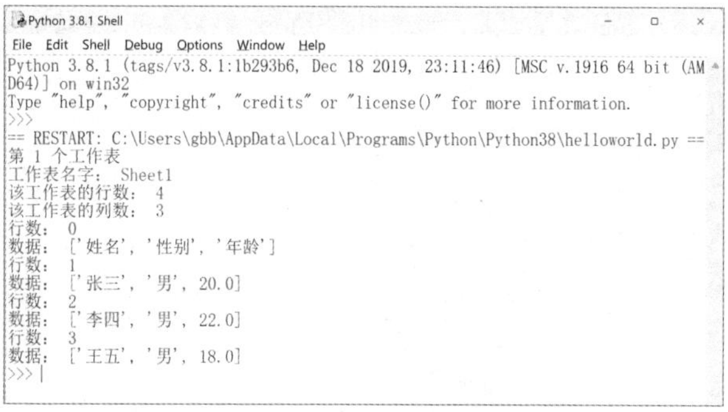

图 7-35　使用 xlrd 模块对 test.xls 文件进行读取操作——运行结果

3．使用 xlutils 模块进行 xlwt 和 xlrd 模块中的对象类型转换

使用 xlrd 模块中的 open_workbook() 函数读取 .xls 文件，返回的 xlrd.book.Book 类型的对象是只读对象，不能对其进行修改。如果要读取 .xls 文件中的内容并对其进行修改，则需要借助 xlutils 模块转换对象类型。如果 Python 环境中没有 xlutils 模块，则可以使用命令"pip install xlutils"进行安装，如图 7-36 所示。

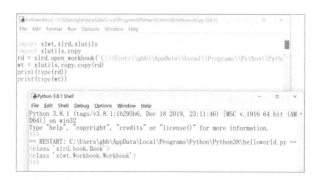

图 7-36　安装 xlutils 模块

xlutils.copy 模块中的 copy() 函数可以将 xlrd 模块中的 xlrd.book.Book 类型转换为 xlwt 模块中的 xlwt.Workbook.Workbook 类型，如图 7-37 所示。

图 7-37　使用 xlutils 模块进行 xlwt 和 xlrd 模块中的对象类型转换

读取、修改并保存 .xls 文件的应用示例如【代码 7-13】所示。

笔记

【代码 7-13】读取、修改并保存 .xls 文件的应用示例

```
import xlwt,xlrd,xlutils
import xlutils.copy
rd = xlrd.open_workbook('E:\\test.xls')
# 将 xlrd.book.Book 类型转换为 xlwt.Workbook.Workbook 类型
wt = xlutils.copy.copy(rd)
s1 = wt.get_sheet(0)
print(' 第一个工作表名称为：',s1.get_name())
# 将"张三"修改为"张三三"
s1.write(1,0,' 张三三 ')
# 增加一个名称为 sheet2 的工作表
s2 = wt.add_sheet('sheet2')
# 向 sheet2 工作表中写入数据
data = (('姓名','性别','年龄'),('郭靖','男',20),('黄蓉','女',18),
('杨康','男',19))
for i in range(len(data)):
    for j in range(len(data[0])):
        s2.write(i,j,data[i][j])
# 保存文件
wt.save('E:\\test2.xls')
```

运行【代码 7-13】，发现 E 盘中多了一个 test2.xls 文件，打开该文件，可以看到两个工作表，其中的内容如图 7-38 所示。

图 7-38 test2.xls 文件的两个工作表中的内容

4．使用 openpyxl 模块对 .xlsx 文件进行读 / 写操作

使用第三方模块 openpyxl 可以对 .xlsx 文件进行读 / 写操作。

1）使用 openpyxl 模块对 .xlsx 文件进行写入操作

使用 openpyxl 模块对 .xlsx 文件进行写入操作的思路与使用 xlwt 模块对 .xls 文件进行写入操作的思路类似，首先导入 openpyxl 模块，然后创建工作簿对象和工作表对象，再向工作表的单元格中写入数据，最后将工作簿对象保存到 .xlsx 文件中。使用 openpyxl 模块对 .xlsx 文件进行写入操作的应用

示例如【代码 7-14】所示。

【代码 7-14】使用 openpyxl 模块对 .xlsx 文件进行写入操作的应用示例

```python
# 导入 openpyxl 模块
import openpyxl
# 创建一个工作簿对象，默认包含一个工作表对象
wb = openpyxl.Workbook()
# 获取当前活跃的工作表对象（默认的工作表对象）
ws = wb.active
# 向默认工作表的单元格中写入数据
data = (('姓名','性别','年龄'),('李雷','男',20),('静静','女',18),
('安安','男',19))
for i in range(len(data)):
    for j in range(len(data[0])):
        # cell 表示单元格
        ws.cell(row=i+1,column=j+1).value = data[i][j]
# 创建一个新的工作表对象，设置新的工作表名称为 Sheet2
ws2 = wb.create_sheet('Sheet2')
# 向新的工作表的单元格中写入数据
data2 = (('姓名','性别','年龄'),('张三三','男',20),('赵六六',
'女',18),('钱七七','女',19))
for i in range(len(data2)):
    for j in range(len(data2[0])):
        # cell 表示单元格
        ws2.cell(row=i+1,column=j+1).value = data2[i][j]
# 将工作簿对象保存到 .xlsx 文件中
wb.save('E:\\test3.xlsx')
```

运行【代码 7-14】，发现 E 盘中多了一个 test3.xlsx 文件，打开该文件，可以看到两个工作表，其中的内容如图 7-39 所示。

图 7-39　test3.xlsx 文件中的内容

在使用 openpyxl 模块对 .xlsx 文件进行写入操作时，也可以设置列宽、行高、对齐方式等，如【代码 7-15】所示。

【代码 7-15】在使用 openpyxl 模块对 .xlsx 文件进行写入操作时设置文件格式

```python
import openpyxl
from openpyxl.styles import Alignment,Font,PatternFill,Border,Side
# 创建工作簿对象
wb = openpyxl.Workbook()
# 获取当前活跃的工作表对象
ws = wb.active
# 修改工作表名称
ws.title = '学生信息'
# 向工作表的单元格中写入数据
data = (('姓名','性别','年龄'),('李雷','男',20),('静静','女',18),
('安安','男',19))
for row in range(len(data)):
    for col in range(len(data[0])):
        # 写入数据，cell 表示单元格
        ws.cell(row=row+1,column=col+1).value = data[row][col]
        # 设置列宽
        ws.column_dimensions['A'].width = 40
        # 设置行高
        ws.row_dimensions[1].height=50
# 设置格式
for col in ws.columns:
    for cell in col:
        # 设置对齐方式，wrap_text=True 表示自动换行
        cell.alignment = Alignment(horizontal='center',vertical=
'center',wrap_text=True)
        # 设置字体
        cell.font = Font(size=15,bold=True, name='微软雅黑')
        # 设置填充方式，patternType='solid' 表示采用纯色填充
        cell.fill = PatternFill(patternType='solid', start_
color='FFE6FF')
        # 设置边框颜色、格式，border_style='thick' 表示采用宽边框
        # 如果 border_style='thin'，则表示采用窄边框
        thick = Side(border_style='thick', color='000000')
        # 设置边框位置
```

```
        cell.border = Border(left=thick,right=thick,top=thick,
bottom=thick)
wb.save('E:\\test4.xlsx')
```

运行【代码 7-15】，发现 E 盘中多了一个 test4.xlsx 文件，该文件中的内容如图 7-40 所示。

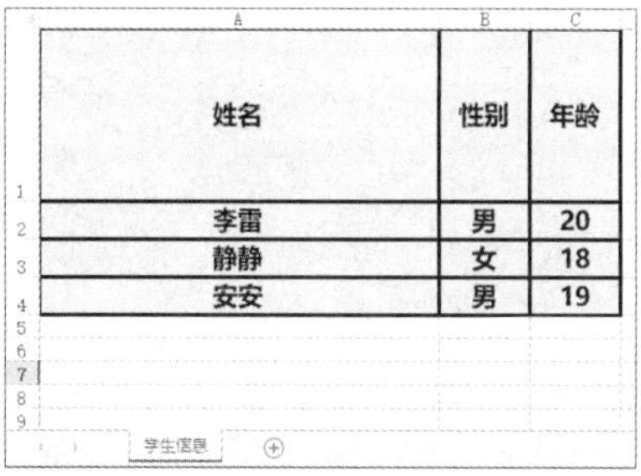

图 7-40 test4.xlsx 文件中的内容

2）openpyxl 模块中对象的常用属性

在上述案例中，我们主要使用的是 openpyxl 模块中的 Workbook、Worksheet 和 Cell 对象，其常用属性如表 7-9 所示。

表 7-9 Workbook、Worksheet、Cell 对象的常用属性

对象	属性	说明
Workbook 对象	sheetnames	获取 Excel 文件中的所有工作表名称
	worksheets	以列表的形式返回所有的工作表对象
	active	获取当前活跃的工作表对象
	read_only	判断是否以只读模式打开 Excel 文件
	encoding	获取 Excel 文件的字符集编码
	properties	获取 Excel 文件的元数据，如标题、创建者、创建日期等
Worksheet 对象	title	工作表的标题
	max_row	工作表中数据区域的最大行数
	min_row	工作表中数据区域的最小行数
	max_column	工作表中数据区域的最大列数
	min_column	工作表中数据区域的最小列数
	rows	按行获取单元格（Cell 对象）
	columns	按列获取单元格（Cell 对象）
	values	按行获取工作表中的内容
Cell 对象	row	单元格所在的行
	column	单元格所在的列
	value	单元格的值
	coordinate	单元格的坐标

235

3）使用 openpyxl 模块对 .xlsx 文件进行读取操作

使用 openpyxl 模块对 .xlsx 文件进行读取操作的思路与使用 xlrd 模块对 .xls 文件进行读取操作的思路类似，首先导入 openpyxl 模块，然后获取工作簿对象和工作表对象，最后获取工作表中的内容。使用 openpyxl 模块对 .xlsx 文件进行读取操作的应用示例如【代码 7-16】所示。

【代码 7-16】使用 openpyxl 模块对 .xlsx 文件进行读取操作的应用示例

```python
import openpyxl
# 获取工作簿对象
wb = openpyxl.load_workbook('C:\\test10.xlsx')
# 获取所有的工作表名称
names = wb.sheetnames
# 遍历工作表
for name in names:
    print('当前工作表的名称为: ',name)
    sheet = wb[name]
    max_row = sheet.max_row
    max_column = sheet.max_column
    print('当前工作表的最大行数为: ',max_row)
    print('当前工作表的最大列数为: ',max_column)
    # 获取单元格中的内容
    for i in range(max_row):
        for j in range(max_column):
            print(sheet.cell(row=i+1,column=j+1).value,end='\t')
        print()
```

【代码 7-16】的运行结果如图 7-41 所示。

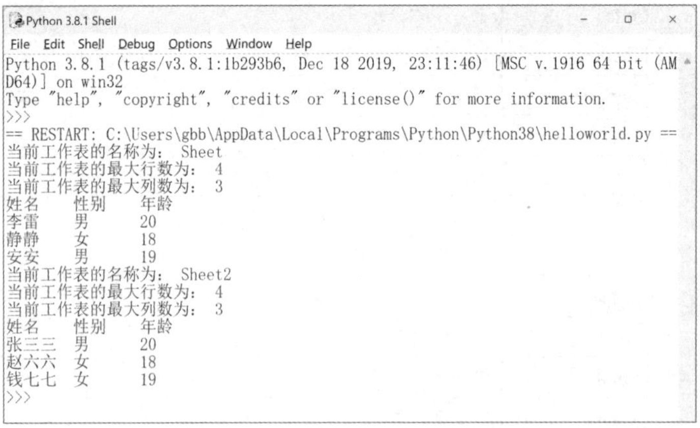

图 7-41　使用 openpyxl 模块对 .xlsx 文件进行读取操作的应用示例——运行结果

7.2.6 案例 9：提取某个国家（或地区）的 GDP 数据

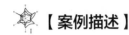【案例描述】

GDP（Gross Domestic Product，国内生产总值）是一个国家（或地区）所有常住单位在一定时期内生产活动的最终成果，是国民经济核算的核心指标，也是衡量一个国家（或地区）的经济状况和发展水平的重要指标。

现在有一个表格，其中记录了 187 个国家（或地区）从 2000 年至 2017 年的 GDP 数据（单位：万亿元），其部分内容如图 7-42 所示。

Area	2000	2001	2002	2003	2004	2005	2006	2007	2008	2009	2010	2011	2012	2013	2014	2015	2016	2017
美国	102848	106218	109775	115107	122749	130937	138559	144576	147186	144187	149644	155179	161553	166915	174276	181207	186245	193906
英国	16480	16215	17684	20384	23986	25207	26926	30744	28906	23828	24412	26197	27398	30228	28856	26509	26224
法国	13622	13765	14943	18405	21157	21961	23186	26572	29184	26902	26426	28614	26838	28111	28522	24382	24651	25825
中国	12113	13394	14706	16603	19553	22860	27521	35522	45982	51100	61006	75726	85605	96072	104824	110647	111910	122377
日本	48875	43035	41151	44457	48151	47554	45304	45153	50379	52314	57001	61575	62032	51557	48504	43950	49493	48721
加拿大	7423	7364	7580	8924	10232	11694	13154	14650	15491	13712	16135	17886	18243	17993	15596	15358	16530
意大利	11418	11623	12665	15696	17983	18527	19426	22031	23907	21852	21251	22763	20728	21305	21517	18329	18594	19348
印度	4621	4790	5081	5996	6997	8089	9203	12011	11870	13239	16566	18230	18276	18567	20391	21024	22742	25975
澳大利亚	4150	3782	3945	4663	6119	6926	7455	8520	10526	9264	11443	13943	15434	15737	14650	13490	12080	13234
瑞典	2598	2399	2639	3311	3817	3890	4200	4878	5140	4297	4884	5631	5349	5787	5738	4979	5145	5380
土耳其	2730	2003	2384	3118	4048	5014	5525	6758	7643	6446	7719	8325	8740	9506	9342	8598	8637	8511
墨西哥	7079	7567	7721	7293	7822	8775	9754	10527	11100	9000	10578	11805	12011	12744	13144	11696	10769	11499
荷兰	4128	4266	4654	5719	6505	6785	7266	8394	9362	8579	8364	8938	8289	8667	8796	7580	7772	8262
西班牙	5954	6260	7051	9069	10696	11573	12646	14793	16350	14991	14316	14881	13360	13619	13769	11978	12373	13113
比利时	2379	2378	2589	3190	3709	3874	4098	4718	5186	4846	4835	5270	4979	5209	5308	4550	4675	4927
瑞士	2721	2786	3014	3529	3942	4087	4309	4799	5544	5415	5838	6996	6680	6885	7092	6793	6687	6789
南非	1364	1216	1157	1753	2289	2577	2718	2990	2871	2972	3753	4169	3963	3668	3509	3177	2958	3494
菲律宾	810	763	814	839	914	1031	1222	1494	1742	1683	1996	2241	2501	2718	2846	2928	3049	3136
奥地利	1968	1973	2134	2617	3009	3160	3360	3887	4303	4002	3919	4311	4094	4301	4419	3821	3908	4166
丹麦	1642	1648	1786	2181	2514	2645	2829	3194	3634	3212	3220	3440	3271	3436	3530	3013	3069	3249
新西兰	526	539	666	883	1039	1147	1116	1373	1333	1213	1466	1685	1762	1908	2010	1776	1893	2059
芬兰	1255	1293	1396	1711	1968	2044	2166	2554	2837	2515	2478	2737	2567	2700	2726	2325	2387	2519
挪威	1713	1740	1954	2288	2644	3087	3454	4011	4626	3866	4291	4988	5102	5235	4993	3867	3711	3988
希腊	1301	1362	1538	2019	2405	2478	2733	3185	3545	3300	2994	2878	2457	2399	2370	1955	1927	2003
孟加拉国	534	540	547	602	651	694	718	796	916	1025	1153	1286	1334	1500	1729	1951	2214	2497
伊朗伊斯兰共和国	1096	1269	1286	1535	1900	2265	2663	3499	4061	4141	4871	5835	5989	4674	4345	3859	4190	4396
尼日利亚	464	441	591	677	878	1122	1454	1665	2081	1695	3691	4117	4610	5150	5685	4811	4047	3758
智利	779	710	697	756	992	1230	1548	1736	1796	1724	2185	2523	2671	2784	2606	2440	2500	2771
哥伦比亚	999	982	979	947	1171	1466	1626	2074	2440	2338	2870	3354	3697	3802	3782	2915	2801	3092
韩国	5616	5331	6090	6805	7649	8981	10118	11227	10022	9019	10945	12025	12228	13056	14113	13828	14148	15308
巴基斯坦	740	722	723	832	980	1095	1373	1524	1701	1682	1774	2136	2244	2312	2444	2706	2787	3050
葡萄牙	1184	1215	1342	1650	1892	1973	2086	2402	2620	2437	2383	2449	2164	2261	2296	1994	2052	2176
泰国	1264	1203	1343	1523	1729	1893	2218	2629	2914	2817	3411	3708	3976	4203	4073	4014	4118	4552
阿尔及利亚	548	547	568	679	853	1032	1170	1350	1710	1372	1612	2000	2091	2098	2138	1659	1590	1704
以色列	1323	1307	1211	1269	1354	1425	1540	1787	2158	2074	2336	2616	2573	2925	3084	2991	3177	3509
秘鲁	517	520	548	587	668	761	886	1022	1206	1208	1475	1718	1926	2012	2011	1899	1916	2114
摩洛哥	389	395	422	521	596	623	686	790	925	929	932	1014	983	1068	1099	1006	1036	1091

图 7-42　187 个国家（或地区）从 2000 年至 2017 年的 GDP 数据（部分内容）

【案例要求】

该表格中的数据较多，为了方便查看，现在设计一个程序，用于在当前数据表中将某个国家（或地区）的 GDP 数据提取到新的工作表中，并且进行适当的格式处理。

【实现思路】

（1）读取表格中数据。

（2）根据需求获取某个国家（或地区）的 GDP 数据。

笔记

（3）将获取的国家（或地区）的 GDP 数据保存到一个新的工作表中。

（4）可以在其中加入异常处理的相关方法。

【案例代码】及【运行结果】

扫描左侧的二维码，可以查阅本案例的代码及运行结果。

7.2.7　小结回顾

【知识小结】

1．无论哪种类型的文件，在内存或磁盘中都是以二进制编码的形式存储的。因此，根据不同的编码逻辑，可以将文件分为两类，分别为文本文件和二进制文件。

2．在 Python 中，使用 open() 函数打开文件，使用 close() 函数关闭文件，使用 write() 函数写入文件，使用 read() 函数读取文件。

3．os 模块提供了 rename() 函数和 remove() 函数，分别用于重命名文件和删除文件。

4．os 模块及其子模块 os.path 提供了一些目录操作的相关函数，包括mkdir()、makedirs()、rmdir() 等。

5．在 Python 中，可以使用 struct 模块进行二进制文件的读 / 写操作。

6．使用 shutil 模块可以对文件、文件夹进行复制、移动、压缩等操作。

7．Python 提供了一些用于进行 Excel 文件相关操作的第三方模块，使用 xlwt 模块可以对 .xls 文件进行写入操作，使用 xlrd 模块可以对 .xls 文件进行读取操作，使用 xlutils 模块可以进行 xlwt 和 xlrd 模块中的对象类型转换，使用 openpyxl 模块可以对 .xlsx 文件进行读 / 写操作。

【知识足迹】

笔记

```
                                    ┌─────────────────────────────┐
                           ┌────────┤ 文件分类                     │
                           │        ├─────────────────────────────┤
             7.2.1 文件的基本操作   │ 文件的打开和关闭             │
                           │        ├─────────────────────────────┤
                           └────────┤ 文件的读/写                  │
                                    ├─────────────────────────────┤
             7.2.2 使用os模块操作文件及目录│ 文件处理              │
                           ┌────────┤ 目录操作                     │
                           │        ├─────────────────────────────┤
                           └────────┤ 常用函数总结                 │
   7.2 文件操作   7.2.3 二进制文件的读/写操作

             7.2.4 基于shutil模块的文件操作

                                    ┌─────────────────────────────────────────┐
             7.2.5 Excel文件的相关操作│ 使用xlwt模块对.xls文件进行写入操作      │
                                    ├─────────────────────────────────────────┤
             7.2.6 案例9：提取某个国家（或地区）的│ 使用xlrd模块对.xls文件进行读取操作│
                  GDP数据            ├─────────────────────────────────────────┤
                                    │ 使用xlutils模块进行xlwt和xlrd模块中的对象类型转换│
                                    ├─────────────────────────────────────────┤
                                    │ 使用openpyxl模块对.xlsx文件进行读/写操作 │
                                    └─────────────────────────────────────────┘
```

7.3　本章回顾

【本章小结】

　　本章共分为两部分，第一部分主要介绍异常处理的相关知识，包括异常概述、异常处理语句和自定义异常类；第二部分主要介绍文件操作的相关知识，包括文件的基本操作、使用 os 模块操作文件及目录、二进制文件的读 / 写操作、基于 shutil 模块的文件操作、Excel 文件的相关操作等，并且使用"提取某个国家（或地区）的 GDP 数据"案例演示文件操作的应用。

【综合练习】

1. 【多选】Python 中的异常处理语句包括（　　　）。

　　A．try...except 语句

　　B．try...except...else 语句

　　C．try...except...finally 语句

　　D．try...catch 语句

2. 【多选】关于 Python 异常，以下描述正确的有（　　　）。

　　A．异常是在程序运行过程中，影响程序正常执行的一个事件

笔记

B．BaseException 是所有异常类的基类

C．Exception 是所有异常类的基类

D．RuntimeError 异常一般在运行发生错误时触发

3．【多选】关于 Python 中的异常处理语句，以下描述正确的有（　　　）。

A．在 Python 中，可以使用 try...except 语句捕获并处理异常

B．try 语句主要用于检测错误

C．except 语句主要用于捕获异常信息并对其进行处理

D．无论程序运行过程中是否触发异常，都会执行 finally 语句中的代码

4．【多选】根据不同的编码逻辑，文件可分类为（　　　）。

A．文本文件　　　　　　　　　　　　B．图片

C．二进制文件　　　　　　　　　　　D．视频文件

5．关于文件的基本操作，以下描述错误的是（　　　）。

A．open() 函数主要用于打开文件

B．close() 函数主要用于关闭文件

C．close() 函数一般被放在 finally 语句中

D．open() 函数在运行时会先刷新缓冲区中还没写入的信息，再关闭文件

6．关于目录操作，以下描述错误的是（　　　）。

A．使用 Python 内置的 os 模块可以进行目录操作

B．使用 os.mkdir() 函数可以创建目录

C．使用 os.makedirs() 函数可以创建多级目录

D．使用 os.deldir() 函数可以删除目录

7．关于二进制文件，以下描述错误的是（　　　）。

A．二进制文件中存储的是除字符外的其他信息，包括图片、音频、视频等

B．在 Python 中，可以使用 struct 模块进行二进制文件的读取操作，但不能进行二进制文件的写入操作

C．二进制文件可以按照一定的规则，将信息转换为二进制编码，并且将其存储到文件中

D．struct 模块中的 pack() 函数主要用于将数据按照指定格式转换
　　为二进制字节串，即打包

8．关于 shutil 模块，以下描述错误的是（　　　　）。

　　A．shutil 模块是一个用于对文件、文件夹进行复制、移动、压缩
　　　　等操作的高级模块

　　B．shutil 模块中的 disk_usage() 方法主要用于查看磁盘的使用信息

　　C．shutil 模块不提供文件压缩方法

　　D．shutil 模块中的 rmtree() 方法主要用于删除整个文件夹，无论该
　　　　文件夹是否为空

9．关于 Excel 文件的相关操作，以下描述错误的是（　　　　）。

　　A．使用 xlwt 模块可以对以 ".xls" 为后缀的 Excel 文件进行读 / 写
　　　　操作

　　B．使用 xlrd 模块可以对以 ".xls" 为后缀的 Excel 文件进行读
　　　　取操作

　　C．xlutils 模块可以进行 xlwt 和 xlrd 模块中的对象类型转换

　　D．使用 openpyxl 模块可以对以 ".xlsx" 为后缀的 Excel 文件进行
　　　　读 / 写操作

10．简述使用 xlwt 模块对 .xls 文件进行写入操作的一般流程。

第 **8** 章

多线程

【本章概览】

进程和线程的概念比较抽象，为了方便理解，可以将计算机的 CPU（中央处理器）看作一个工厂，进程相当于工厂中的车间，代表 CPU 能处理的单个任务；而线程相当于车间中的工人，一个车间中可以有多个工人，并且车间的空间是工人们共享的（一个进程中可以包含多个线程，并且线程之间共享内存空间）。

本章首先介绍进程、线程和多线程的相关概念，然后介绍使用 Python 实现多线程的相关知识，最后通过一个综合案例介绍基于多线程的爬虫应用。

【知识路径】

8.1　线程概述

8.1.1　进程与线程

1. 什么是进程

我们在使用计算机时，可以同时做很多事情。例如，我们在浏览网页时，可以听歌，还可以和微信好友聊天，而这些背后是一个个正在运行中的程序。

要使这些程序运行起来，需要先在磁盘中存储程序代码，再将程序代码加载到内存中，由 CPU 运行。在程序运行过程中，可能需要与键盘、鼠标等外部设备进行交互，还可能产生一些数据，这些都会涉及资源的调度和使用。操作系统会将运行中的程序封装成独立的实体，为其分配各自所需的资源，然后根据调度算法切换运行，这个抽象程序实体就是进程。进程是操作系统进行资源分配和调度的基本单位。

按 Ctrl+Alt+Delete 快捷键，打开任务管理器，可以查看运行的所有程序和进程，如图 8-1 所示。

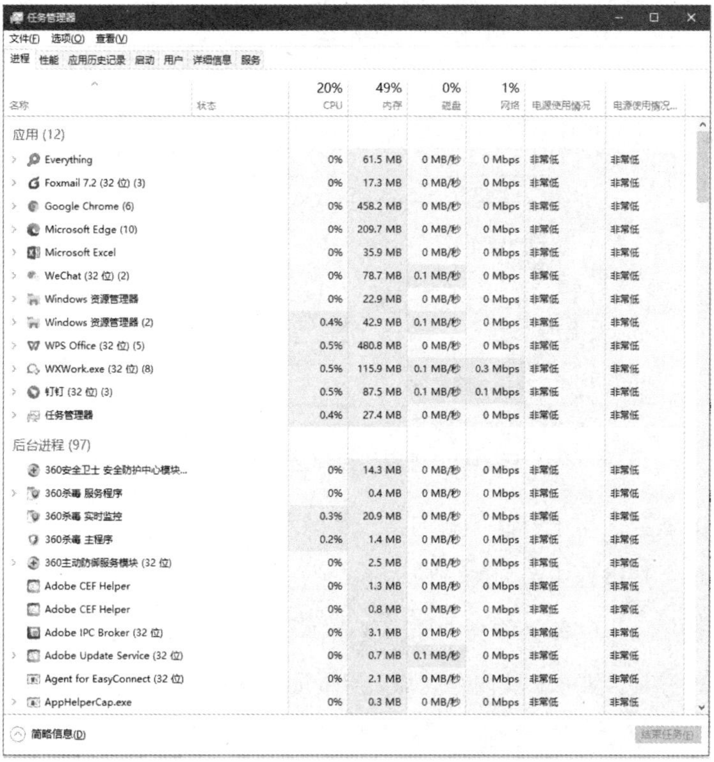

图 8-1　查看运行的所有程序和进程

2. 什么是线程

早期的操作系统中并没有线程的概念，进程是资源分配和独立运行的最小单位，也是程序运行的最小单位。随着计算机行业的发展，程序的功能设计越来越复杂，某些活动随着时间的推移会被阻塞，此时就想到能否将这些应用程序分解成更细粒度的实体，并且这些细粒度的执行实体可以共享进程的内存空间，因此出现了线程的概念。

线程是 CPU 进行运算调度的最小单位，可以看作轻量级的进程。在线程之间进行切换的开销较小，所以线程在创建、销毁、调度方面的性能远远优于进程。

3. 进程与线程之间的区别

在有了线程后，进程与线程之间就有了明确的分工，任意一个进程都默认有一个主线程，进程负责分配和管理系统资源；线程负责进行 CPU 运算调度，它是 CPU 切换时间片的最小单位。一个进程中有多个线程，多个线程之间共享进程的堆和方法区资源，但是每个线程都有自己的程序计数器和栈区域，如图 8-2 所示。

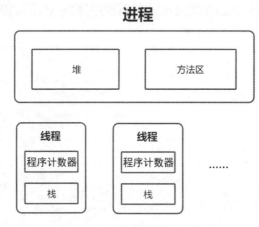

图 8-2 进程与线程之间的关系

- 方法区：用于存储加载的类、常量等信息。
- 堆：是进程中最大的一块内存空间。
- 栈：用于存储该线程的局部变量（私有的）和栈帧。
- 程序计数器：一块内存区域，用于记录线程当前要执行的指令地址。

进程与线程之间的区别如表 8-1 所示。

表 8-1　进程与线程之间的区别

维度	进程	线程
定义	进程是操作系统进行资源分配的基本单位	线程是 CPU 进行运算调度的最小单位
运行环境	操作系统中可以同时运行多个进程	一个进程中可以运行多个线程，一个线程只能属于一个进程
开销	每个进程都有独立的内存空间，用于存储代码和数据段等，程序之间切换的开销较大	同一个进程中的线程可以共享内存空间，每个线程都有自己的程序计数器和栈区域，线程之间切换的开销较小
通信	进程与进程之间可以进行通信	同一个进程中的线程之间可以进行通信

8.1.2　多线程的相关概念

1．什么是多线程

多线程是指程序中包含多个执行流，即在一个程序中可以同时运行多个不同的线程，用于执行不同的任务。举一个生活中的例子，你先吃水果再看电视就是单线程，你一边吃水果一边看电视就是多线程。在具有多核的计算机中使用多线程技术，可以明显提升系统的执行效率。

2．并发与多线程

利用多线程可以并发执行任务。并发是指在同一个时间段内多个任务同时执行，并且都没有执行结束。并发任务强调多个任务在一个时间段内同时执行，而一个时间段由多个单位时间累积而成，所以并发的多个任务在单位时间内不一定同时执行。

在多线程并发执行过程中，需要注意线程的安全问题，也就是在多个线程同时操作共享变量时，可能某个线程更新了共享变量的值，但是其他线程获取的是共享变量没有更新之前的值，这会导致数据不准确，可以使用多线程同步和加锁解决该问题。

3．线程的生命周期

线程在被创建并启动后，它既不是一启动就进入执行状态，也不是一直处于执行状态，它具有 5 种状态，分别为新建状态（New）、就绪状态（Runnable）、运行状态（Running）、阻塞状态（Blocked）和死亡状态（Dead）。线程的生命周期如图 8-3 所示。

笔记

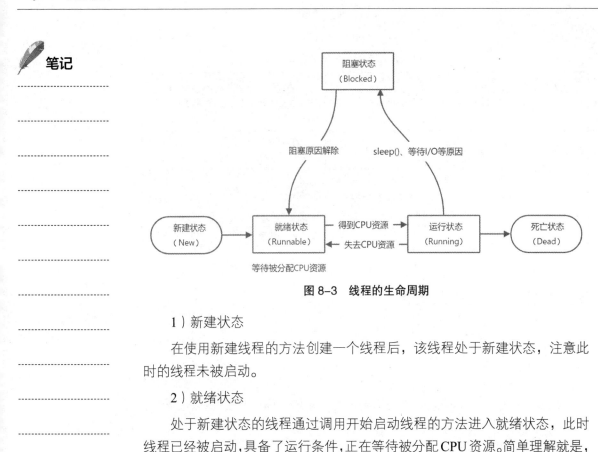

图 8-3　线程的生命周期

1）新建状态

在使用新建线程的方法创建一个线程后，该线程处于新建状态，注意此时的线程未被启动。

2）就绪状态

处于新建状态的线程通过调用开始启动线程的方法进入就绪状态，此时线程已经被启动，具备了运行条件，正在等待被分配CPU资源。简单理解就是，处于就绪状态的线程已经做好了运行准备，在获得 CPU 资源后即可运行。

3）运行状态

处于就绪状态的线程在获得 CPU 资源后，就会调用运行线程的方法，此时线程处于运行状态。如果计算机中只有一个 CPU，那么在任意时刻都只有一个线程处于运行状态，在具有多个 CPU 的计算机中，可能会有多个线程并行运行。

线程在运行过程中会结合调度算法（如先进先出、时间片轮转等）和线程优先级进行资源调度，也就是说，当程序中包含多个线程时，处于运行状态的线程无法一直霸占 CPU 资源，系统会在一定的时间内强制当前运行的线程让出 CPU 资源，以供其他线程使用。处于运行状态的线程在指定的时间片内正常结束，会进入死亡状态；在指定的时间片内没有执行结束，会重新进入就绪状态。

4）阻塞状态

处于运行状态的线程在遇到以下情况后，会进入阻塞状态。

- 调用 sleep() 方法，主动放弃其所占用的处理器资源。

- 等待 I/O 流的输入 / 输出。

- 等待网络资源。

- 试图获取一个锁对象，但该锁对象正被其他线程持有。

- 等待某个通知。

在引起阻塞的原因解除后，线程会重新进入就绪状态。

5）死亡状态

线程生命周期的最后一个阶段是死亡状态，进入死亡状态的主要原因如下。

- 正常运行的线程完成了全部的工作。

- 线程抛出未捕获的异常。

- 线程被强制性终止。

需要注意的是，主线程死亡，并不意味着所有线程都死亡。也就是说，主线程的死亡，不会影响子线程继续执行，反之亦然。

8.1.3　小结回顾

【知识小结】

1．进程是操作系统进行资源分配和调度的基本单位，线程是 CPU 进行运算调度的最小单位。

2．操作系统中可以同时运行多个进程；一个进程中可以运行多个线程，一个线程只能属于一个进程。

3．多线程是指程序中包含多个执行流，即在一个程序中可以同时运行多个不同的线程，用于执行不同的任务。

4．线程具有 5 种状态，分别为新建状态（New）、就绪状态（Runnable）、运行状态（Running）、阻塞状态（Blocked）和死亡状态（Dead）。

笔记

【知识足迹】

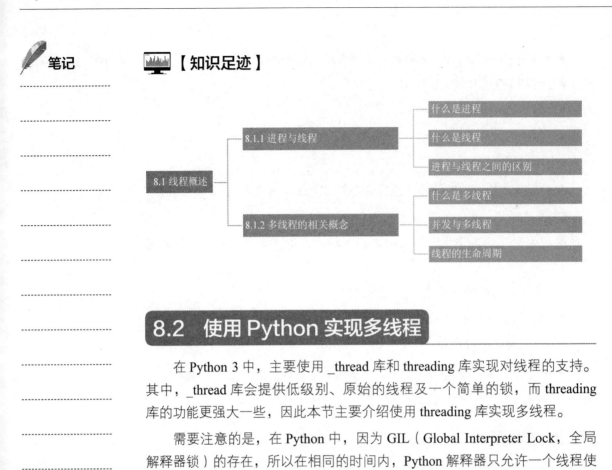

8.2 使用 Python 实现多线程

在 Python 3 中，主要使用 _thread 库和 threading 库实现对线程的支持。其中，_thread 库会提供低级别、原始的线程及一个简单的锁，而 threading 库的功能更强大一些，因此本节主要介绍使用 threading 库实现多线程。

需要注意的是，在 Python 中，因为 GIL（Global Interpreter Lock，全局解释器锁）的存在，所以在相同的时间内，Python 解释器只允许一个线程使用 CPU。因此在 Python 中，多线程并不能提高 CPU 的利用率，但在一个时间段内开启多个线程，可以提高程序的 I/O 访问速度。这里的 I/O，不仅代表磁盘操作，还代表网络读 / 写操作。

8.2.1 使用 threading 库实现多线程

使用 threading 库实现多线程，主要是通过 Thread 类实现的，其实现多线程的方式主要有两种，一种是普通方式，即直接传入要运行的函数；另一种是自定义线程的方式，即继承 Thread 类并重写 run() 方法。

1. 普通方式

使用普通方式实现多线程的应用示例如【代码 8-1】所示，先定义两个函数，再模拟多线程的实现过程。

【代码 8-1】使用普通方式实现多线程的应用示例

```
import threading
import time
def study1(count):
```

```
    for i in range(count):
        print('学习语文、数学...',i)
        time.sleep(1)
def study2(count):
    for i in range(count):
        print('学习音乐',i)
        time.sleep(1)
# target 参数主要用于指定需要线程执行的函数名
# name 参数主要用于指定线程名称
# args 参数主要用于以元组的形式传递实际参数
t1 = threading.Thread(target=study1,name='Thread1',args=(5,))
t2 = threading.Thread(target=study2,name='Thread2',args=(5,))
# 启动线程
t1.start()
t2.start()
```

在【代码 8-1】中，study1() 和 study2() 函数称为线程函数，其中的代码就是线程要执行的任务；在创建 Thread 类的对象时，需要将线程函数的函数名传递给 target 参数；在线程对象创建完成后，需要使用 start() 方法启动线程，study1() 和 study2() 函数中的代码才会被执行，运行结果如图 8-4 所示。

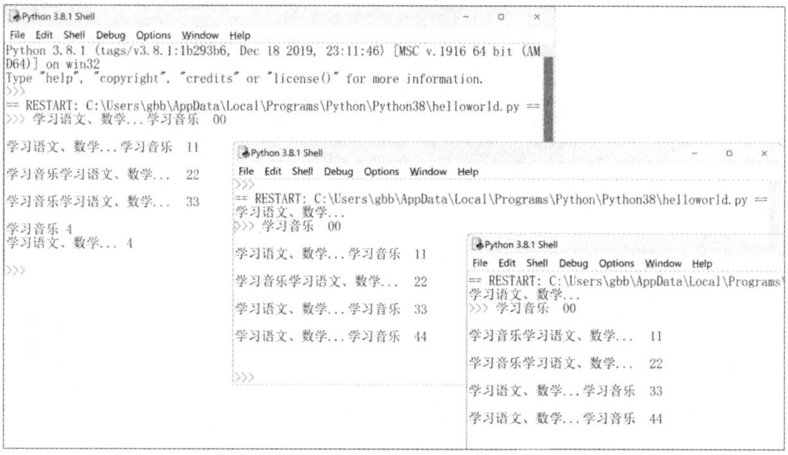

图 8-4　使用普通方式实现多线程的应用示例——运行结果

根据图 8-4 中的运行结果可知，多线程程序中的线程执行顺序是不确定的。在多线程程序中，程序默认启动的线程称为主线程，使用 Thread 类创建并执行的线程称为子线程。主线程从程序的第一行开始执行，子线程从线程函数的第一行开始执行。在子线程启动后，程序内的主线程和子线程是同时存在的。线程执行所需的时间，由 CPU 调度的过程决定。

在程序运行到 sleep() 方法后，线程进入阻塞状态；在 sleep() 方法运行结束后，线程进入就绪状态，等待调度，而线程调度会自行选择一个线程执行，所以线程执行顺序是不确定的。

2．自定义线程的方式

自定义线程就是自己定义一个类，使其继承 threading.Thread 类，然后重写其中的 run() 方法。使用自定义线程的方式实现多线程的应用示例如【代码 8-2】所示。

【代码 8-2】使用自定义线程的方式实现多线程的应用示例

```python
import threading,time
# 自定义线程
class MyThread(threading.Thread):
    # 重写构造方法
    def __init__(self,name):
        threading.Thread.__init__(self)
        self.name = name
    # 重写 run() 方法
    def run(self):
        # 获取当前运行的线程名称
        thread_name = threading.currentThread().getName()
        print(thread_name,'开始工作 ...')
        for i in range(5):
            print(thread_name,'完成任务 ',i)
        print(thread_name,'结束工作! ')
def main():
    worker = int(input('请问您需要几个工作者: '))
    for i in range(worker):
        t = MyThread('Worker'+str(i+1))
        t.start()
main()
```

在【代码 8-2】中，我们定义了一个 MyThread 类，该类继承自 threading. Thread 类，然后重写了该类中的构造方法和 run() 方法。在 main() 函数中，我们将自定义线程类 MyThread 实例化，然后使用其 start() 方法启动线程。在线程启动后，会运行子线程中的 run() 方法，运行结果如图 8-5 所示。

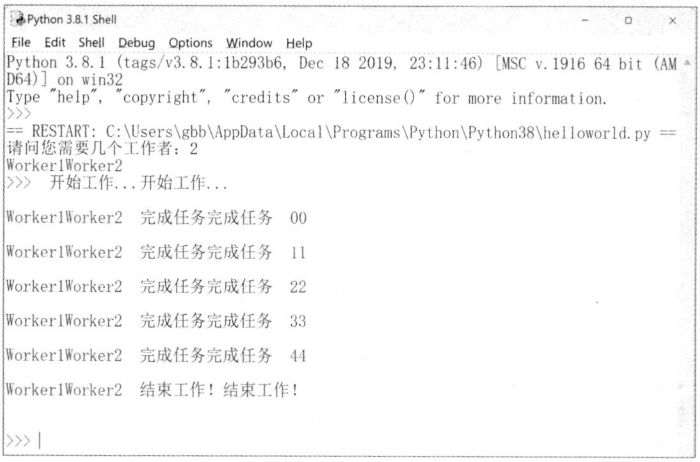

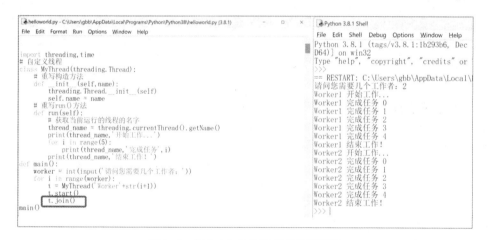

图 8-5　使用自定义线程的方式实现多线程的应用示例——运行结果

【代码 8-2】中的两个线程是同时运行的，其运行结果很混乱。如果我们要让一个线程先运行，让另一个线程后运行，则可以使用 join() 方法实现，如图 8-6 所示。

图 8-6　加入 join() 方法后的运行结果

根据图 8-6 中的运行结果可知，两个线程是按顺序执行的，在线程 1 完成所有的工作后，线程 2 才开始工作。在默认情况下，join() 方法会一直等待当前线程结束，才会运行下一个线程。但是我们可以通过 join() 方法的 timeout 参数设置线程等待时间（单位是秒），如 "t.join(timeout=1)"。

3．threading.Thread 类中常用的属性和方法

threading.Thread 类中的属性和方法可以帮助我们获取线程的一些信息，如可以通过 name 属性和 getName() 方法获取线程的名称，如图 8-7 所示。

笔记

t1. name
'Thread1'
t1. getName()
'Thread1'

图 8-7　获取线程的名称

threading.Thread 类中常用的属性和方法如表 8-2 所示。

表 8-2　threading.Thread 类中常用的属性和方法

常用的属性和方法	说明
name	线程的名称
ident	线程的标识符
start()	开始执行当前线程
run()	定义线程功能的方法（通常在子类中被重写）
is_alive()	判断当前线程是否处于活动状态
setDaemon()	设置守护线程。必须在调用 start() 方法前调用该方法（在主线程结束后，守护线程也会结束）
join()	等待当前线程结束，才会运行下一个线程
getName()	获取线程名称
setName()	设置线程名称

8.2.2　线程锁

1. 多线程开发需要遵循的特性

在进行多线程开发时，需要遵循三大特性，分别为原子性、可见性、有序性。

- 原子性：用于使数据保持一致，解决线程安全问题，即在执行多个线程时，要么全部执行完，不被任何因素打断，要么不执行。

- 可见性：当多个线程访问同一个变量时，如果一个线程修改了变量的值，那么其他线程可以立即看到。

- 有序性：程序按照代码先后顺序执行。

在进行多线程开发时，有时会违背其中的特性。下面我们定义一个制作桌子的线程类，然后启动 3 个相应的线程进行工作，如【代码 8-3】所示。

【代码 8-3】制作桌子

```
import threading,time
total = 0
needed = 20
```

```python
class WorkThread(threading.Thread):
    def __init__(self,name):
        threading.Thread.__init__(self)
        self.name = name
    # 重写 run() 方法
    def run(self):
        worker_name = threading.currentThread().getName()
        print(worker_name+' 开始工作 ...')
        global total
        while total < needed:
            time.sleep(1)
            total+=1
            print(worker_name+f' 做了第 {total} 张桌子 ')
        print(worker_name+' 结束了工作！ ')
def start():
    print(f' 共需制作 {needed} 张桌子 ')
    # 启动 3 个线程进行工作
    for i in range(3):
        w = WorkThread(f'Worker{i+1}')
        w.start()
start()
```

【代码 8-3】的运行结果如图 8-8 所示。

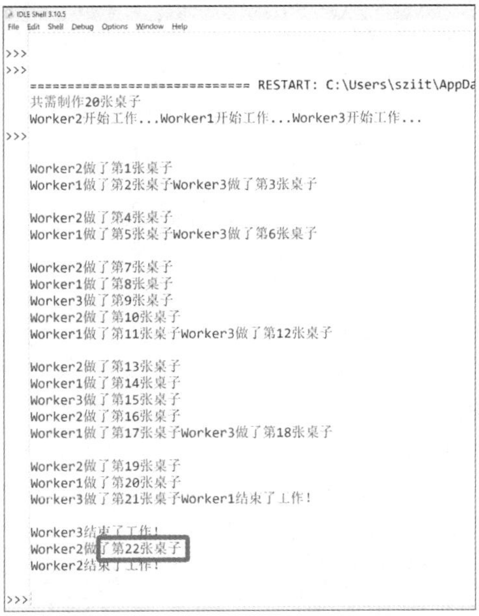

图 8-8　制作桌子——运行结果

笔记

在图 8-8 中，我们共需要 20 张桌子，但在程序运行结果中，制作的桌子数超过了 20 张。这是因为 3 个线程同时工作，一个线程修改了变量的值，其他线程没能及时看到（违背了可见性）。为了解决这类问题，我们可以借助线程锁，将制作桌子和打印结果锁在一起，避免系统在中间将 CPU 的使用权切换给别的线程。

2．线程锁的应用

threading 库提供的 Lock() 函数可以提供线程锁服务，在线程获得锁后，其他试图获取锁的线程就会阻塞等待。

给线程加锁的主要步骤如下。

（1）使用 threading.Lock() 函数初始化锁。

（2）使用 locker.acquire() 函数获取锁。

（3）使用 locker.release() 函数释放锁。

下面对【代码 8-3】进行修改，添加线程锁，如【代码 8-4】所示。

【代码 8-4】制作桌子并添加线程锁

```python
import threading,time
total = 0
needed = 20
# 1- 初始化锁
locker = threading.Lock()
class WorkThread(threading.Thread):
    def __init__(self,name):
        threading.Thread.__init__(self)
        self.name = name
    # 重写 run() 方法
    def run(self):
        worker_name = threading.currentThread().getName()
        print(worker_name+' 开始工作 ...')
        global total
        while total < needed:
            # 2- 获取锁
            locker.acquire()
            if total < needed:
                time.sleep(1)
                total+=1
                print(worker_name+f' 做了第 {total} 张桌子 ')
            # 3- 释放锁
            locker.release()
```

```
        print(worker_name+' 结束了工作！')
def start():
    print(f' 共需制作 {needed} 张桌子 ')
    # 启动 3 个线程进行工作
    for i in range(3):
        w = WorkThread(f'Worker{i+1}')
        w.start()
start()
```

【代码 8-4】的运行结果如图 8-9 所示（制作的桌子数量不再超出所需数量）。

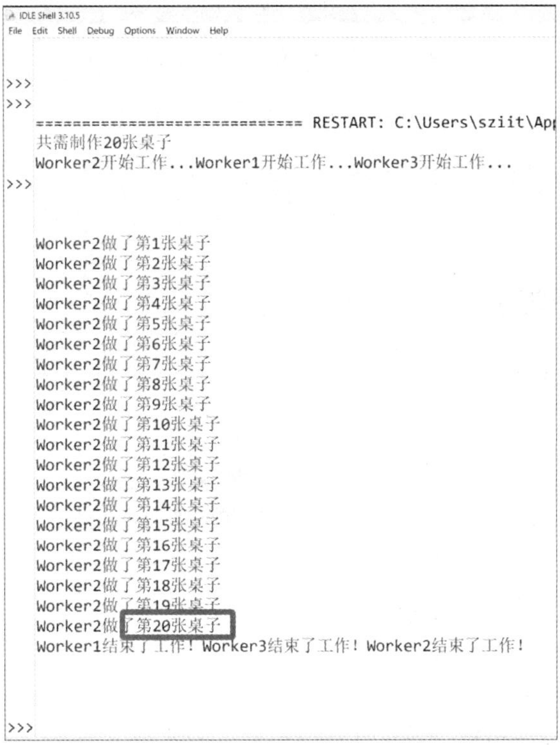

图 8-9　制作桌子并添加线程锁——运行结果

8.2.3　案例 10：以单线程和多线程的方式复制文件的对比

【案例描述】

在工作和学习过程中，经常需要复制文件或文件夹。例如，从朋友那里复制电影、歌曲、小说等，从同事那里复制项目资源，等等。本案例我们分

笔记

别以单线程和多线程的方式复制视频文件夹，并且对比其效率。

 【案例要求】

D 盘中有一个 videos 文件夹，该文件夹中包含一些视频文件，如图 8-10 所示。

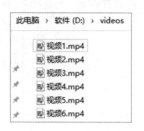

图 8-10　videos 文件夹中的视频文件

分别以单线程和多线程的方式将 videos 文件夹中的视频文件备份到 D 盘的 videosbak1 和 videosbak2 文件夹中（两个文件夹均已存在），并且计算耗费的时间。

【实现思路】

（1）以单线程的方式复制 videos 文件夹中的视频文件，并且计算耗费的时间。

（2）自定义一个线程，用于复制 videos 文件夹中的视频文件，每复制一个视频文件，都开启一个线程，并且计算耗费的时间。

【案例代码】及【运行结果】

扫描左侧的二维码，可以查阅本案例的代码及运行结果。根据运行结果可知，多线程的运行效率是优于单线程的，说明在访问 I/O 文件时，采用多线程方案可以提高程序的执行效率。因为本案例中的文件比较少，所以对比效果不是特别明显，如果处理大量文件，那么对比效果会更明显。

8.2.4　小结回顾

【知识小结】

1. 在 Python 3 中，主要使用 _thread 库和 threading 库实现对线程的支持。

其中，_thread 库提供低级别、原始的线程及一个简单的锁，而 threading 库的功能更强大一些。

2．使用 threading 库实现多线程，主要是通过 Thread 类实现的，其实现多线程的方式主要有两种，一种是普通方式，即直接传入要运行的函数，另一种是自定义线程的方式，即继承 Thread 类并重写 run() 方法。

3．自定义线程就是自己定义一个类，使其继承 threading.Thread 类，然后重写其中的 run() 方法。

4．threading 库提供的 Lock() 函数可以提供线程锁服务，在线程获得锁后，其他试图获取锁的线程就会阻塞等待。

【知识足迹】

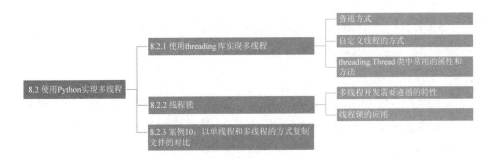

8.3　综合案例：基于多线程的爬虫应用

8.3.1　案例分析

1．案例背景

随着微信、QQ 等社交软件的兴起，网络聊天已经成为大部分人生活中的一部分。很多年轻人在进行网络聊天时喜欢用表情包，因为表情包省事又便利，不仅能降低聊天的成本，还能调节聊天氛围，有时比文字更能表达自己的想法。有时年轻人喜欢使用表情包"斗图"，此时就非常考验表情包的库存了。

2．案例需求

为了能够在短时间内获得海量表情包，很多人想到了可以使用网络爬虫，而 Python 因其丰富的类库，非常适合用于编写爬虫程序。

笔记

在本案例中，我们要爬取的是一个表情包网站，如图 8-11 所示。

图 8-11　表情包网站

在运行程序后，预期效果是计算机中出现一个文件夹，其中包含下载的表情包，并且这些表情包以其在网站中的标题命名。

3．案例实现思路

6.3 节介绍过，网络爬虫主要分为 3 个阶段，分别为网页下载、网页解析、数据存储，本项目也同样适用。

1）网页下载

在网页下载阶段，我们要分析网页的网址变化规律。本网站的页码都动态地拼接在每个 URL 的结尾。本阶段主要使用的库是 6.3.2 节介绍过的 Requests 库。

2）网页解析

在网页解析阶段，我们要对网页下载阶段中得到的 HTML 网页中的内容进行解析，找到我们需要的表情包标题、表情包链接等数据。本阶段主要使用的库是 6.3.2 节介绍过的 BeautifulSoup 库。

3）数据存储

在网页解析阶段获取图片的 URL 后，需要借助 Request/Response 机制获取图片的二进制编码，然后使用 file 对象写入数据并进行数据存储。

在本案例中，我们分别以单线程和多线程的方式爬取表情包，并且对比其耗费的时间。

8.3.2　以单线程的方式爬取表情包

1．核心知识点

● 函数的定义与调用。

笔记

- Requests 库的应用。
- BeautifulSoup 库的应用。
- os、random 等模块的应用。

2．核心流程

（1）指定用于存储图片的文件夹，如果没有，就创建一个。

（2）指定待爬取的网页 URL。

（3）设置多个浏览器的 User-Agent 列表，模拟随机选择一个浏览器的行为，获取 headers（头部信息）。

（4）根据获取的 headers，利用 Requests 库获取 HTML 内容。

（5）根据获取的 HTML 内容，利用 BeautifulSoup 库获取所有 <img> 标签中的标题和图片链接信息。

（6）根据图片链接信息获取图片的二进制编码，将其以标题命名并保存至指定的文件夹中（循环保存）。

3．线上资料

扫描右侧的二维码，可以查阅以单线程的方式爬取表情包的线上资料。

8.3.3　以多线程的方式爬取表情包

使用多线程实现爬虫的流程与单线程基本类似，只是需要借助 threading 库和 queue（队列）模块。关于 queue 模块，我们以前没有接触过，下面简单介绍一下。

1．queue 模块介绍

在 Python 中，多个线程之间的数据是共享的。在多个线程进行数据交换时，为了保证数据的安全性和一致性，可以使用队列。Python 中的 queue 模块主要用于进行队列的相关操作，其提供了同步的、线程安全的队列类，包括先入先出队列类（Queue）、后入先出队列类（LifoQueue）和优先级队列类（PriorityQueue）。queue 模块中常用的方法如表 8-3 所示。

表 8-3　queue 模块中常用的方法

常用的方法	说明
qsize()	返回队列的大小
empty()	判断队列是否为空，如果是，则返回 True，否则返回 False
full()	判断队列是否已满，如果是，则返回 True，否则返回 False

笔记

常用的方法	说明
get([block[, timeout]])	从队列中获取任务
get_nowait()	无阻塞地从队列中获取任务，如果队列为空，则会直接抛出 Empty 异常
put(item)	向队列中添加任务
put_nowait(item)	无阻塞地向队列中添加任务，如果队列已满，那么无须等待，会直接抛出 Full 异常
task_done()	在完成一项工作后，该方法会向任务已经完成的队列发送一个信号
join()	一直阻塞等待，直到队列中的所有任务都被取出和执行。也就是说，一直阻塞等待，直到队列为空，再执行别的操作；一般和 task_done() 方法结合使用

使用 get([block[, timeout]]) 方法从队列中获取任务的主要流程如下。

（1）尝试获取互斥锁。

（2）如果此时队列为空，则等待生产者线程添加数据。

（3）在获取任务后，会调用 self.not_full.notify() 方法，通知生产者线程队列可以添加元素了。

（4）释放互斥锁。

使用 put(item) 方法向队列中添加任务的主要流程如下。

（1）申请获取互斥锁。

（2）在获取互斥锁后，如果队列未满，则向队列中添加数据，并且通知其他阻塞的线程：互斥锁已被释放，可以申请获取互斥锁。

（3）如果队列已满，则会等待，在任务处理完成后，释放互斥锁。

2．案例实现

1）核心知识点

● 函数的定义与调用。

● Requests 库的应用。

● BeautifulSoup 库的应用。

● os、random 等模块的应用。

● threading 库的应用。

● queue 模块的应用。

2）线上资料

扫描右侧的二维码，可以查阅以多线程的方式爬取表情包的线上资料。

8.3.4　小结回顾

📖 【知识小结】

1．在进行多线程编程时，经常需要与 queue 模块搭配使用。

2．Python 中的 queue 模块主要用于进行队列的相关操作，其提供了同步的、线程安全的队列类，包括先入先出队列类（Queue）、后入先出队列类（LifoQueue）和优先级队列类（PriorityQueue）。

3．queue 模块中的 get([block[, timeout]]) 方法主要用于从队列中获取任务。

4．queue 模块中的 put (item) 方法主要用于向队列中添加任务。

5．queue 模块中的 join() 方法经常和 task_done() 方法结合使用。

📊 【知识足迹】

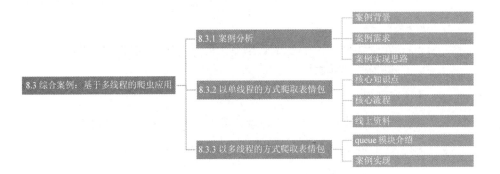

8.4　本章回顾

🌱 【本章小结】

本章共分为 3 部分，第一部分为线程概述，先介绍进程、线程的概念及它们之间的区别，再介绍多线程的概念；第二部分主要介绍使用 Python 实

笔记

现多线程的相关知识，首先介绍使用 threading 库实现多线程的方式，然后介绍线程锁的相关知识，最后使用"以单线程和多线程的方式复制文件的对比"案例演示使用 threading 库实现多线程的方法；第三部分为一个综合案例，分别以单线程和多线程的方式爬取表情包，通过对比，体现出使用多线程的效率比使用单线程的效率更高。

【综合练习】

1. 【多选】关于进程和线程，以下描述正确的有（ ）。

 A. 进程是操作系统进行资源分配的基本单位

 B. 线程是 CPU 进行运算调度的最小单位

 C. 每个进程都有独立的内存空间

 D. 同一个进程中的线程可以共享内存空间

2. 【多选】关于线程的生命周期，以下描述正确的有（ ）。

 A. 在使用新建线程的方法创建一个线程后，该线程处于新建状态

 B. 处于就绪状态的线程已经做好了运行准备，在获取 CPU 资源后即可运行

 C. 处于运行状态的线程在指定的时间片内正常结束，会进入阻塞状态

 D. 处于运行状态的线程在指定的时间片内没有执行结束，会重新进入就绪状态

3. 【多选】关于多线程，以下描述正确的有（ ）。

 A. 在多线程并发执行过程中，需要注意线程的安全问题

 B. 在 Python 中，可以使用 threading 库实现多线程

 C. 因为 GIL 的存在，所以在相同的时间内，Python 解释器只允许一个线程使用 CPU

 D. Python 中多线程能提高 CPU 的利用率

4. 关于线程，以下描述错误的是（ ）。

 A. 一个进程中可以运行多个线程

 B. 一个线程只能属于一个进程

 C. 线程之间切换的开销较小

D．同一个进程中的线程之间不可以进行通信

5. 关于 threading 库，以下描述错误的是（　　　）。

　　A．自定义线程就是自己定义一个类，使其继承 threading.Thread 类，然后重写其中的 run() 方法

　　B．start() 方法主要用于定义线程功能

　　C．setDaemon() 方法主要用于设置守护线程

　　D．getname() 方法主要用于获取线程名称

6. 关于 queue 模块，以下描述错误的是（　　　）。

　　A．使用 queue 模块可以对先入先出队列进行操作

　　B．get() 方法主要用于从队列中获取任务

　　C．put() 方法主要用于向队列中添加任务

　　D．使用 queue 模块不能对后入先出队列进行操作

7. 简述自定义线程的实现思路。